U0396930

超大城市的"绿色"生长

大城市的绿色"生长"

迈向
生态之城的
上海实践

李琴——著

上海人民出版社

目 录

导论　何为生态城市

城市——社会—经济—自然复合生态系统

城市与文明同源，城市化过程就是人类文明的演化过程。全球范围内，城市贡献了全球 GDP 的 80%，城市人口已从 1950 年的 7 亿，增长到 2020 年的 44 亿，预期到 2050 年将增长至 66 亿。伴随现代化进程，城市形态和功能也发生了深刻变革。

我们可以从不同维度理解城市。经济学的城市是指在有限空间地域内，生产生活要素、经济活动和人口居住集中，以致在企业和公共部门产生规模经济效应的连片地理区域。社会学的城市是指具有某些特征的、在地理上有界的社会组织形式，人口密集，社会分工严格，具有市场功能，制定规章约束。城市显示了一种相互作用方式。生态学的城市则被认为是一个以人为主体的生态系统，具有一般生态系统的基本特性，由人、动物、植物、微生物等生物要素与各种环境条件等非生物要素组成，要素间的相互作用构成有内在联系的统一整体。

城市发展是一个系统工程。党的十八大以来，以习近平同志为核心的党中央抓大事、谋长远，召开中央城镇化工作会议、中央城市工作会议，针对关系全局、事关长远的问题实施了一系列重大发展战略。根据第七次全国人口普查数据，我国7个超大城市、14个特大城市的人口占全国的20.7%，国内生产总值占全国三成以上，超大特大城市在经济社会发展中发挥着动力源和增长极的作用。2020年4月，习近平总书记在中央财经委员会第七次会议上指出："增强中心城市和城市群等经济发展优势区域的经济和人口承载能力，这是符合客观规律的。同时，城市发展不能只考虑规模经济效益，必须把生态和安全放在更加突出的位置，统筹城市布局的经济需要、生活需要、生态需要、安全需要。"因此，要构建科学合理的城市格局，就需要我们从社会、经济、自然三方面去深刻认识一座城市。

城市首先是一个生态系统。这个系统具有人类影响主导、结构复杂、空间异质性高、生物种类和群落种类多样、社会经济驱动强烈等特点。本质上看，城市是地球表层一种具有高强度社会、经济、自然集聚效应和大尺度人口、资源、环境影响的微缩生态景观。人类发展离不开自然，但城市化发展却使自然环境在愈来愈大的程度上被人工环境所替代。从驱动力上，城市生态系统不但受到自然因素的影响和控制，更受到社会经济因素的影响，人类对城市结构和布局的规划决定了城市生态系统的基本空间格局。从动态变化上，在人类高强度的能流物流驱动下，城市生态系统的结构和功能变化速度很快。动态特征体现了城市发展的阶段性及其驱动力，因而城市建设要有动态观的前瞻性，才可以实现可持续发展。

城市也是动态演进的复合生态系统。其本质是一个由社会、经济、自然子系统构成的复合生态系统，受到自然和社会经济等多重因素影响。自然生态系统是一个有机的整体，物质和能量在其中循环、流动，被反复地充分利用，各种生物又通过食物链互相依存、互相制约。作为子系统之一，产业生态系统是指按生态经济学原理和知识经济规律组织起来的基于生态系统承载能力、具有高效的经济过程及和谐的生态功能的生态经济系统。人居生态系统则是指一个居住环境系统，即充分贯彻了生态理念、宜人居住、人与环境和谐统一的综合性环境系统。城市生态系统内部各部分联系紧密，很难分离，相互作用共同构成一个整体，为城市的人们生存和发展提供必要的生活环境、生产条件和发展空间。城市的发展正如自然生态系统中群落的演替过程，也是由低级向高级、初级至顶级的动态发展过程。

在城市这个社会—经济—自然复合生态系统中，如果说"社会"是城市发展的主导，"经济"是城市发展的命脉,那么"自然"就是城市发展的基础。然而,如果城市环境越来越单一,动植物的栖息生境越来越退化,生物多样性急剧下降,其结果是自然生态系统被破坏,后果是城市中人类的生活和社会经济活动由于失去了自然生态支持而陷入危机。城市要成为高效的"社会—经济—自然"复合生态系统,其内部的物质代谢、能量流动和信息传递关系,就应该是一张环环相扣的网,而不是一条简单的链或是单个的环。

城市生态系统有其复杂性。城市所需求的大部分能量和物质,都需要从其他生态系统人为地输入。同时,城市在生产和生活中所产生的大量废弃物必须输送到其他生态系统中去,因此城市是寄生的、不完全的生态系统。近年来,一系列生态环境危机和极端气候事件正在重构人类社会,城市首当其冲。城市安全的复杂性和系统性对当前城市安全发展和风险治理能力提出了更高要求,城市化中后期的生态安全和生物安全成为城市治理的重中之重。虽然世界城市仍然是实现经济增长和可持续发展的主战场,但是在通往未来的道路上,首要的议程是确保城市更加安全和健康,必须保持生态平衡,促进城乡和谐,提升城市对传染病、气候和各种生态危机的抵御能力。上海市常住人口有2400多万,这样规模的人口和城市非常依赖于长江流域和海岸带强大的生态系统服务功能。换言之,大城市需要完整的生态系统服务支撑。

城市生态系统又有其特殊性。一方面，城市生态系统风险暴露程度高且演化速度快。城市化在空间上表现为要素的集聚过程，大量人口和产业高度集中，一旦面临冲击则遭受的影响较大。高强度经济社会活动下，城市生态系统结构和功能的演化速度更快、过程更复杂。另一方面，城市生态系统突出人的治理因素。城市建设的过程表现为人与自然的开发、调适过程，最终达到平衡协调发展状态。自然生态系统和人工技术工程互为补充、嵌套融合，共同形成"城市绿色基础设施"，为城市提供公共服务、改善人居环境。

从持续性视角看，城市本身是不可持续的。在快速城市化发展时期，城市面临的热岛效应、洪涝灾害和疫病风险等"城市病"还在不断加剧。这些问题与传统城市建设中缺乏对城市生态系统的全面了解有关。解决出路也许只有一条，那就是要努力使城市建设同自然生态系统和谐融合，按照生态学的自然规律来改造、规划和建设城市，使城市成为自然生态系统的一部分，让城市本身成为一个"生态城市"。目前，越来越多的城市重视生态和绿色发展，拓展绿色空间，也就是把富有生命气息的绿色引入灰色的城市空间。许多国际大都市如伦敦、巴黎、东京、纽约、新加坡等经过十几年甚至几十年的艰苦努力，已在这方面形成了各具特色的探索经验。

城市生态化：生态城市的演化和内涵

据联合国统计，至 2050 年全球将有 66% 的人口居住在城市，这一城市化水平随之带来的能源问题、健康问题、社会安全问题等，对于全世界来说都将是严峻的挑战。上海要确立国际大都市地位，必然会在科技、教育、人才、文化事业与文化产业、生态环境、城市文明程度等各个方面提出更高的要求。

国际大都市的形成固然要有经济优势、区位优势、城市规模、基础设施等方面的条件，但不能忽视生态条件在国际大都市形成过程中的重要作用。以挪威奥斯陆为例，凭借其在环保措施、绿色交通、绿色经济等方面的成功实践，获 2019 年度"欧洲绿色之都"美誉。奥斯陆非常重视生态环境保护，着力打造"零排放建筑"，建立了完善的碳排放管理机制。为了推动绿色发展，制定了一套兼顾经济效益和环境友好的绿色发展方案。生态环境竞争力逐步成为一座城市综合竞争力的重要组成部分。中国城市的区域差异性与不平衡性决定了生态城市发展模式的多样性。持续建设环境友好型、绿色生产型、绿色生活型、健康宜居型和综合创新型城市，打造特色鲜明的绿色生态城市，是建设生态城市的客观要求和现实选择。

城市生态化是实现城市社会—经济—自然复合生态系统整体协调而达到一种稳定、有序状态的演进过程。这里的"生态化"已不是单纯生物学的含义，而是综合、整体的概念。城市生态化强调复合生态系统协调发展和整体生态化，即实现人与自然共同演进、和谐发展、共生共荣。

"生态城市"（eco-city）是一个相对较新的名词，但这一概念由来已久。生态城市是在20世纪70年代联合国教科文组织发起"人与生物圈"计划研究过程中提出的，受到了全球广泛关注，但对这一概念仍没有公认的定义。之后，美国一些学者也对此进行了相关研究，都强调人与社会、环境的协调发展，认为经济发展不再是城市评价的唯一或最重要的指标，建设可持续的、生态健康的、高效和谐的人居新环境应成为未来城市发展的方向。

1984年，苏联生态学家扬诺斯基（O. Yanitsky）首次对生态城市的概念进行了系统定义和构想，提出：生态城市是一种理想的城市模式，是技术与自然充分融合，人的创造力和生产力得到最大限度发展，城市居民的身心健康得到最大限度保护，物质、能量、信息得到有效利用，生态良性循环的一种理想环境。城市生态化发展的一个重要指标是对自然生态系统的认识和重视。自然生态系统对缓解城市污染、改善城市气候、净化有害物质、减少病虫害发生起着积极的作用，同时，其本身卓越的自我调节机理，也给人类以有益的启示。因此，在城市中应该容留、配置多种多样的生物群落，并相应地营造多样化的生物栖息环境。

"生态城市"广义的定义是指在人类对人与自然关系科学认识的基础上建立起来的新发展观，是城市可持续发展的形态。在新城区建设和老城区改造中，需要围绕特定功能定位，按照生态学原则，要高效利用城市所在地域的生态与环境资源，协调好社会、经济、自然发展的新型关系，实现可持续发展的新生产和新生活方式。"生态城市"狭义的定义是指将城市作为社会—经济—自然复合生态系统，严格按照生态学原理对城市设计、建设和改造，建立高效、和谐、健康、美丽和可持续发展人类聚居环境。二者不同之处在于，广义的定义更强调社会、经济和自然协调发展，狭义的定义更强调建设生态环境良好的人类聚居环境。尽管如此，关于生态城市的思想和理论一直都在变化与发展中。另一种变化则是内涵不变，但是新名词不断出现，如"绿色城市""可持续发展城市""低碳城市""智慧城市""生态之城"等，虽然引起各种争议，却让更多的人探讨人类与自然、社会的关系。

"生态城市"中涉及两个关键词，即"生态"和"城市"。随着全球城市化加剧，城市已成为人与自然冲突的主要单元。城市建设要缓解人与自然的冲突，城市生态化发展是其必然选择。《经济学人》智库评估的 2018 年全球五大生态城市为：加拿大温哥华，巴西库里提巴，丹麦哥本哈根，美国旧金山，南非开普敦。这些城市都不约而同地率先将人居和环保作为其长远规划建设的重要发展目标和理念。

当代生态城市发展可以分为三个阶段。第一阶段从 20 世纪 80 年代至 90 年代初，生态城市的建设实践还非常少。第二阶段以 1992 年联合国颁布《地球宣言》为标志，形成了可持续发展行动计划——《21 世纪议程》。随后，一系列生态城市实践在此议程的影响下启动，如巴西的库里提巴、德国的弗莱堡、新西兰奥克兰地区的怀塔科里。第三阶段是在 2000 年以后，随着气候变化问题和城市化问题越来越引起全球范围的关注，生态城市建议也逐渐成为讨论全球可持续发展的主要途径，因而在此阶段的生态城市实践也得到极大推进。生态城市是城市发展的最高阶段。麦肯锡全球资深董事合伙人 Subbu Narayanswamy 表示，生态人居城市相较于之前传统工业化城市具有更高的效率，在提高人均寿命和幸福指数方面也有显著影响。它是基于生态学原理建立的自然和谐、社会公平和经济高效的复合系统，更是具有自身人文特色的自然与人工协调的人居环境。

总之，生态城市思想和实践从 20 世纪 70 年代开始，到现在已经取得了越来越多的共识。尽管国内外对于生态城市的定义不尽相同，但都将城市作为一个生命体、有机体，强调了城市发展过程中要协调好"社会—经济—自然"三者之间的关系，实现资源的高效利用，保护好生态环境，达到经济高度发达、生态良性循环的高度和谐统一。不可否认，从最初强调"环境保护"到现在的经济、社会与环境的可持续协调发展，已日益成为主流的社会政策。如今随着全球气候变化的日益严峻，以及在发展中国家轰轰烈烈进行的城市化，人的可持续发展，不仅是当代还包括后代，迫使我们重新思考保护生态环境与大多数人的更美好生活应该以何种方式取得平衡。

近年来，全球一系列大事件显示了在气候变化和自然生态系统退化的双重作用下，人类社会所面临的危机，全球范围由此加大了对于生物多样性保护和气候变化应对等问题的关注和重视。全球碳排放约70%来自城市，可以说，全球"碳中和"之战胜负，关键在城市。全球目前已有110多个国家相继提出了21世纪中叶的"碳中和"目标承诺，充分意识到应对气候变化促进可持续发展的重要性。从城市形成、发展到城市化后期，人与自然冲突的主要区域将逐步向城市这一单元转移，城市风险增加。

我国已进入城镇化中后期，按照城区人口超过1000万的城市评定为"超大城市"的标准，目前我国有8个超大城市：上海、北京、深圳、重庆、广州、成都、天津、武汉。上海常住人口城镇化率已达 88.1%。随着人口、资源等生产要素的聚集效应逐步放大，以超大城市为核心的城市群在整个国家发展中的权重日益增强。国际经验表明，与高速城市化进程相伴生的环境污染、公共卫生、交通拥堵、气候变化、生物多样性丧失与生态安全等问题凸显，由此滋生的"城市病"已成为制约城市进一步发展的"瓶颈"。从"十四五"到 2035 年，我国处在转向现代化的关键期。从城市观察中国未来，把握新的趋势与格局，应对新的挑战与威胁，迎接新的现代化城市治理，上海这座超大城市亦需要新的战略与政策。

超大城市绿色转型发展之需

美国著名的城市规划师简·雅各布斯（Jane Jacobs）在其著作《美国大城市的死与生》中提道："伟大的城市创造伟大的国家，优良的城市治理创造优良的国家治理。"城市是承载现代国家建设和治理的战略空间，城市发展建设及其治理不仅关乎城市自身，也关乎国家治理体系和治理能力现代化。

2018 年 11 月，习近平总书记在上海考察时强调，城市治理是国家治理体系和治理能力现代化的重要内容。一流城市要有一流治理，要注重在科学化、精细化、智能化上下功夫。6340平方公里的面积，集聚了超过2400万常住人口，如何在高密度人口、高能级经济、高频次交流的情况下保护好生态环境，上海是全球观察中国绿色发展的一个窗口。

（1）绿色理念的驱动

绿色转型已成为我国城市应对气候变化、寻求未来经济增长的战略选择。城市绿色转型，是在绿色理念指导下，实现城市经济、社会、生态领域的全面转型升级。我国城市更新经历从旧城改造、产业转型升级、空间扩张等一系列变迁，内容不断深化。2015年，党的十八届五中全会上提出了绿色发展理念，目的是解决好人与自然和谐共生问题。绿色理念强调的是将环境资源作为经济社会发展的内在要素，把经济活动过程和结果的"绿色化""生态化"作为绿色发展的主要内容和途径。同年12月，习近平总书记在中央城市工作会议上提出："城市发展不仅要追求经济目标，还要追求生态目标、人与自然和谐的目标。"绿色转型发展顺应了这个趋势。绿色城市更新的理念是通过转变生产和生活方式提高城市的资源环境效率，将绿色低碳、可持续发展作为未来更新的共同目标和价值取向，不断加强城市更新与智慧、绿色和健康技术的融合。

在绿色理念驱动下，城市更新需要统筹绿色产业规划，以及绿色科技创新的支撑。绿色科技创新始终与城市发展更新有着密切联系，是城市智慧的顶层推动力。具体体现在，绿色科技产业对城市管理的提升，贯穿在城市治理的方方面面和全过程，加速了新型基础设施建设和公共基础设施的绿色改造。同时，绿色理念引领和重构人们的传统理念，在衣食住行各个领域向绿色转变，通过绿色消费方式倒逼绿色生产，使得绿色生活方式成为主流。尤其在上海这座城市，面对 2400 多万人带来的高人口密度、交通拥堵等环境宜居制约因素，以科技创新为核心的包括商业模式、体制机制的全面创新，才能够促进城市产业绿色化和绿色产业化发展，从根本上破解生态环境难题。

（2）空间布局的优化

纵观国内城市建设实践，受快速城镇化和工业化的驱动，产业发展及交通基础设施等条件成为诸多城市空间快速演进的主要影响因素。然而，针对自然生态要素考虑更多的是如何利用，而非维护生态系统的完整性和原真性，在城市空间布局上往往存在一些不足。例如，从整体格局来看，虽然按一定程度上顺应自然格局，但在内外部联系上，除保留自然水系、部分廊道和公园节点外，对于维持生态系统的考虑并不全面，不同片区绿地数量和布局存在明显差异，绿地周边土地利用性质有待优化，以便更好地发挥综合效益。另外，老城区范围内总体生态效益下降，一般以保留现有格局为主，在城市规模扩张中又未能进一步加强老城区自然生态系统的连通性，易呈现碎片化、孤岛式的绿化分布。除老城区、产业园区之外的其他区域，是人口居住和生活高度密集区，但因重视商业服务、住房等开发功能，在绿地系统布局和分配上均不足，难以提升生态产品服务和人居环境质量。又或者，一些城市重点生态功能区域，如滨水空间、公园绿地、城市森林、重要野生动植物栖息地等，周边建设用地因开发强度过高，且缺乏缓冲区，造成围堵现象，不利于生态系统服务和价值外溢效应的发挥。

2023 年，上海开始建设"新城绿环"，这是发挥五个新城独特的生态禀赋，探索城市周边乡村生态开放空间建设发展的新模式和新机制。"新城绿环"既承担了城市安全、乡村示范和生态保护功能，又兼具游憩功能，是通过优化空间布局，是促进生态价值创造性转化的一大举措。

总体上，粗放式发展模式已经有所转变，如城市生产生活污染排放问题、城市废气排放问题、社会公众环保意识和参与度得到极大改善，但从空间视角审视重视城市生态系统的完整性和资源保护与可持续利用，仍然有诸多不足。当前，我国各大城市重视城市内部公园绿地建设，但大多对局部地区生态环境和游憩功能改善起到作用，对于整个城市生态系统保护和人居环境改善还有较大提升空间。

因此，从经济社会发展进程角度，持续推进可持续发展三大理念在生态城市建设方面的实践落实，还将是一个长期过程。

（3）生态产品的供给

维护和提升生态系统服务是城镇化绿色发展的关键，是产生和增进居民福祉的一个重要资本。随着我国超大城市城镇化进程推进，经济规模日益增长，生态宜居城市日益成为满足人民美好生活需要的重要保障，城市生态产品可持续供给及其价值实现的重要性越来越凸显。

在这里需要提到一个概念：生态系统服务功能。它是指人类直接或间接从生态系统中获得的各种产品与惠益。城市生态产品主要来源于生态系统服务。其一，城市中的生态产品不仅包括食物、水资源、生态能源等物质服务，更重要的是城市自然生态系统提供了气候调节、水源涵养、污染物净化、固碳等改善人类生存与生活环境的调节服务，以及景观美学价值、生态旅游、精神健康等文化服务。其二，城市自然生态系统提供的缓解热岛效应、调蓄洪水、消减噪声、休闲游憩等各类生态产品为经济社会发展提供了重要支撑。近年来，城市生态产品供给和价值实现速度在加快，但仍然存在供需不平衡，与人民群众追求的美好生活还有较大差距。

城市生态系统与森林、湿地等自然单元的生态系统相比,具有独特的功能属性特征。人类活动与城市生态系统的发展二者相互作用。也就是说,城市生态系统的改善与退化直接影响其提供生态产品的能力。要提高生态产品的供给能力,关键在于建立健全生态产品的价值实现机制。生态产品价值实现是我国推动生态资源转化为生态资本、生态优势转化为经济优势的一场深刻变革,也是一次全新的实践探索。生态系统生产总值(Gross Ecosystem Product,GEP),即生态系统服务价值,是指生态系统为人类福祉和经济社会可持续发展提供的最终产品与服务价值的总和,包括物质产品价值、调节服务价值和文化服务价值三部分。

城市 GEP 反映了一个城市的生态文明水平。国内一些超大城市相继开展了较为成熟的探索和实践。2014 年,深圳市就以盐田区为试点,在国内率先开展城市 GEP 核算,首次提出并建立了 GDP 和 GEP 双核算双运行双提升工作机制。深圳市通过探索生态产品价值实现路径,依托自然生态资源,融合文化、旅游、金融等产业发展,探索"两山"转化新路径。探索实施 GDP 和 GEP 双核算双提升,更能体现城市高质量发展和高水平保护新发展理念,可以为促进城市人与自然和谐共生提供新思路。从生态系统提供的最终产品来核算城市 GEP,可以清楚梳理出城市的生态资源现状,有助于揭示经济社会发展与生态环境保护的关系,使社会公众和企业充分认识到城市的生态产品经济价值。

在一定程度上，以 GEP 核算促进城市生态环境质量进一步提升，能让市民切身感受到好山好水好空气的价值，同时提升文化旅游等方面的价值，助力城市绿色发展。2022年，成都也启动了天府新区 GEP 核算试点。在生态产品价值实现路径探索方面，随着成都市环城生态公园一级绿道全环贯通，锦城湖、桂溪生态公园、青龙湖湿地公园等特色公园实现串珠成链，多元化、多层次的生态产品供给彰显出不断转化的生态价值，潜移默化地改变着成都人的休闲旅游方式。这些为全面开展公园城市 GEP 核算和价值实现积累了经验。

（4）城市软实力的提升

生态是一座城市的基础"硬件"，生态好，才有底气还河于民、还岸于民。生态也是一座城市的魅力"软件"，生态好，亦能成为更多企业、人才落户定居的理由。因此，生态之城建设是超大城市"绿色生长"的必然路径，但生态远比人居环境要求高和复杂。

超大城市如何建设生态之城？从文明发展的形态和上海发展的阶段来看，生态之城应是生态良好的生态文明之城，生态之城要有完整的生态功能，需要高品质的生态空间，能够提供优质的生态产品。改革开放以来，上海持续探索生态环境保护和经济转型发展方式，开展一系列实践，在研判和把握未来作为特大型城市生态环境保护转型路径，突出生态在提升城市吸引力和竞争力以及城市治理体系和治理能力提升中的关键作用，从而助力生态之城建设。如何使上海在长江大保护和长三角区域一体化中发挥作用并找到成为国际化的生态之城的重要标志，使上海的生态和生态文明体现发展引领性，需要深刻认识到上海成为国际化的生态之城的优劣势，强化生态方面的高价值的品牌。从这个意义上来说，上海要建设的是广义的生态城市，面向实现全球资源配置、科技创新策源、高端产业引领、开放枢纽门户四大功能。

著名的全球城市都有其代表性生态人文景观，如纽约的中央公园、巴黎的塞纳河左岸，生态软实力已成为这些城市软实力的重要组成内容。2021年6月，上海提出全面提升城市软实力的部署，被认为是上海面向未来构造城市核心竞争力的关键之举。与此同时，上海提出"公园城市"建设的愿景和目标，到2025年上海全市公园数量要增加到1000座以上，人均公园绿地面积达到9.5平方米以上。如果将生态硬实力理解为城市生态空间规模、生态环境质量、城市环境治理水平等方面，那么生态软实力则可以理解为生态品质、生态文化、生态品牌和生态话语权等不同领域。可以预见的是，作为上海建设卓越的全球城市的三大目标之一，上海生态之城建设也将从重视硬实力转向软实力与硬实力并重，生态绿色将被打造成为上海城市软实力的重要标识。

　　综上，城市是一个复杂的生态系统，自其形成以来便持续遭受有人类社会活动引起的生态退化及由此衍生的环境破坏。为应对这些挑战，世界范围内一些全球城市（Global City），如纽约、伦敦、东京、哥本哈根等不约而同地率先将人居和生态环保作为其长远规划建设的重要发展目标和理念。生态城市是城市发展的最高阶段，相较于传统工业化城市具有更高的效率。生态城市建设不同于一般的城市建设，它主要强调"人居健康"和"可持续发展"两个方面，兼顾社会、经济和自然三者之间的效益，使得人、自然和城市融为有机的整体，形成互惠共生的生态系统。

　　本书从自然生态系统、产业生态系统和人居生态系统分别体现的"绿色本底""绿色发展""绿色家园"三方面剖析上海超大城市的"绿色生长"路径；分析了上海作为一座超大城市的绿色"家底"，以及迈向生态之城的实践探索；阐释了绿色理念与生态保护双驱、产业绿色转型与韧性治理协同、生态安全与人类福祉兼顾、空间结构优化与功能提升是一座超大城市转型发展的必由之路；从公园城市建设和城市生态空间拓展说明生态空间优化和品质提升对于绿色人居生态系统建设的重要性，以期为读者提供一些启示。

第一章

优越——超大城市的自然禀赋

一、上海、长三角和长江流域的关系

长江自青藏高原奔腾而下，贯高山峻岭，穿锦绣峡谷，一路浩浩荡荡，挟云裹月，汇入大海。上海这座城市因江而兴，与江共生，既是长江受污染时的"受害者"，也是长江生态改善的直接受益者；既是长江生态环境的"守门员"，也肩负着引领长江经济带迈向高质量发展的"龙头"责任。

上海的发展离不开长江，也离不开整个长江流域。约在六千年前，上海这一带大部分地方还是一片大海，没有陆地。伴随着长江流域的自然演化和人类开发过程，水土流失的现象开始出现，于是大量的泥沙被冲击到长江口淤积，逐渐形成了上海这个三角洲（图1-1）。因此，上海的经济社会地位和发展，离不开自然生态的演变和塑造。

宋代之后，长江主流改由崇明岛以北的北支入海，使得长江南岸的泥沙淤积减少，上海的海岸线得以稳定下来。

而泥沙在北岸的淤泥，又加速了南通和崇明岛的形成。在北宋时期，崇明一带只有几个零星的沙洲，但是在清朝已经成为面积超过 1000 平方公里的岛屿了。随着上海一带的土地逐渐固定下来，长江口不断向东推进，上海的地位也不断在提升。

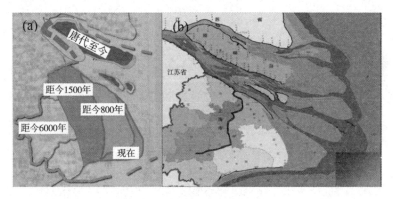

图 1-1　长江河口三角洲平原历史演替（a，b）示意

进入 21 世纪，环太平洋地区的美国西海岸、日本和韩国已经成为重要的高新技术策源地；加拿大、俄罗斯远东地区和澳大利亚极具自然资源优势；有着古老文明的中国和东南亚重新崛起，它们拥有丰富的人力资源，具有社会经济发展的强劲动力，并走向振兴之路。有经济学家们预测，未来世界的经济重心可能将由传统的欧洲、北美东部转向环太平洋地区。当前，环太平洋地区最具经济活力的区域之一就是长江三角洲，而领头城市就是上海。几十年来，上海的发展在经历了跨越苏州河、跨越黄浦江两个飞

跃后，迈进了长江流域经济带和海洋经济发展历史阶段。

上海是长三角城市群的核心和龙头。从全球现代史上的世界级城市群发展规律看，世界上发展成熟的大城市群，无一例外以自然单元为依托，都在良好的区位和自然条件基础上形成强大的经济实力，继而在全国乃至世界经济中占有举足轻重的地位。按照戈特曼世界级城市群标准要求，长三角城市群已成为第六大世界级城市群。一般来说，城市群建设是城市化进程后期的高级形态，城镇化率超过60%后，城市化从高速进程到后期高质量发展，一体化的城市群建设是必然选择。长三角城市群以上海都市圈为核心，形成了多个都市圈的多中心格局，带动整个区域发展。因此，我国在推进有国际影响力的城市群内部协调发展，避免各自为政，一体化的发展成为必然。

梳理时间和空间线发现，"长三角一体化"的名称和范围从1982年提出，经过40余年的演变和发展，到最终41个地级市的范围。所在区域位于长江下游三角洲冲积平原，是一个内部相互关联的自然单元，同时也是将来长三角城市群建设和一体化发展的自然资本和生态文明建设的空间载体。

世界上六大城市群都具有独特的地理区位和自然资本，特别是拥有高比例面积的湿地。长三角城市群和所在的三省一市行政区是建立在广袤的长江河口三角洲这一自然地理单元上。长三角区域汇聚了我国最大的江、河、湖复合型湿地，是我国最独特的湿地生态系统，涵养了世界罕见的生物种群。以保护湿地系统和湿地野生动植物为目标设立的国家级、省级、市县级保护区共有20余处，其中有5处湿地列入《国际重要湿地名录》。内陆湿地与沿海生态廊道对构建区域生态安全格局至关重要。沿海湿地对沿海地区抵御海洋灾害、生物多样性保护、保障食品和粮食安全、减缓与适应气候变化具有重要作用，是构筑陆海一体化生态安全格局的重要组成。

从上海与长江流域的关系来看，长江是上海经济社会发展的命脉，特别是水资源的供给。1949年，上海市人口500多万，现在常住人口超过2400万，人均用水量大幅度增加。上海市国土面积6340万平方公里，年降雨量1170毫米，本地水资源远远不能满足上海市的巨大需求，但上海过境水资源量是上海市本地水资源的18倍，使得上海主要水源地从黄浦江转移到长江干流。从这个意义上说，长江对于上海经济社会发展极为重要。

反过来看，保护好上海的生态，对整个长江意味着什么？目前，上海建立了两个国家级自然保护区，即崇明东滩鸟类国家级自然保护区和九段沙湿地国家级自然保护区，以及2个省级自然保护区。对鱼类与水鸟来说，长江河口是国际社会公认的全球生物多样性保护的关键地区之一。

建立国家级和省级自然保护区是保护中华鲟和迁徙候鸟等珍稀濒危生物最有效的途径，不仅保护了中华鲟等旗舰物种，也保护了一大批江海洄游性鱼类。中华鲟是长江生态系统健康的标志性物种，有效保护中华鲟就是保护了长江生态系统健康。因此，保护好长江河口，也就是保护健康长江生态系统的重要组成部分。

二、长江河口三角洲自然地理区位优势

区域的自然资本是其经济社会发展的基础，不同文明社会形态所需资源不完全相同。以农耕文明为例，典型的农耕文明所在地区通常具备如下特征：河谷与三角洲平原提供的土地广袤与土壤肥沃；大型河流水系和密布湖泊提供发达的水资源量或充沛雨量；有利于生活与农作物生长的适宜温度和充足阳光；森林、湿地及丰富的物种，提供生活来源之一以及作物与家养动物遗传资源；相对独立的盆地、河流和湖泊，提供地形复杂的天然屏障，可防御外敌入侵。

而到了工业文明时代，所需要的自然资本与农业文明时代在种类上和数量上有着巨大差异，更需要充足的以下条件：地表水、地下水等水资源；土地、岸线，港口、航道、航路等空间资源；石油、天然气、煤炭、电能等能源

资源；铁、铝、铜、铅、钾、铀等金属资源；橡胶、纤维、水泥等材料资源；遗传资源、蛋白质、天然药物等生物资源。在农耕文明阶段，上海处于四大古农耕文明所在区域之一——长江流域的河口区。到工业文明发展阶段，处于长江经济带与海岸经济带"T"字形结合部的上海，更是具备本阶段所需要的经济社会发展条件和自然资本特征。

保护自然生态，并不是不要发展。要实现超大城市人与自然和谐共生现代化，公众需要对城市所拥有的重要自然资本有非常深刻的认识，了解其"自然禀赋"，充分认识这些影响着城市发展定位与城市发展战略的资本。

我们谈到上海的区位，离不开长江河口的自然地理区位优势。只有认识上海及其所处长江河口的自然特征和自然资本，才能有效促进全社会的力量参与生态保护与法治建设。长江河口具备长江经济带和东部沿海经济带结合部的区位优势，良好的地理位置优势，使上海对长江经济带发挥引领作用，对沿海经济带发挥示范作用。对此，2020年8月，习近平总书记在扎实推进长三角一体化发展座谈会上强调，长三角地区是长江经济带的龙头，不仅要在经济发展上走在前列，也要在生态保护和建设上带好头。

长三角地区独特的区位优势在于：位于沿海地区，中低纬度地区，气候条件适宜；降水适中，有较大的河流，有利于城市供水；地形平坦开阔，有利于城市基础设施和交通建设。区域涉及全国重要生态功能区中的四个。区域生物多样性的巨大生态服务功能与生态过程多样性，不但是经济社会发展的物质基础，同时也孕育出丰富的文化多样性。

（1）自然地理位置优越：西太平洋海岸近中部与长江口结合部。既可以通江，又可以达海，既是河港又是海港，是上海在地理上的一大优势。在通江达海的便利性和影响力方面，上海不仅是中国第一，也是世界第一。这一地理优势对上海经济文化社会的发展产生了独一无二的重大影响。

（2）土地面积不断扩张：不断冲积、淤涨的三角洲平原。如前所述，上海是一座建立在湿地上的城市，河流、湖泊、人工、海岸带等各类湿地面积达46.46万公顷，湿地占国土面积的43.15%，是世界上湿地比例较高的城市之一。从历史来看，约62%的上海土地面积由长江泥沙堆积而成。1949年来圈围滩涂1007.5平方公里使上海土地扩大了15%。长远来看，长江上游来沙减少将导致滩涂淤涨速率趋缓。

（3）生态要素配置适宜：北亚热带季风气候。上海属北亚热带季风气候，四季分明，光照充足，分配适宜；雨量充沛，雨热同季。全年 60% 以上的雨量集中在 5 月至 9 月的汛期。上海当地水资源量约 537.79×10^8 立方米 / 年，而长江干流多年平均过境水量约 9730×10^8 立方米 / 年。上海境内有 26603 条河流，总长度 25348 公里，有湖泊（含人工水体）692 个，水库 4 座。河口湿地面积 2900 平方公里，其中滩涂面积 376 平方公里。

（4）国际重要生态敏感区：长江河口三角洲的生物多样性。长江河口生态系统相对复杂，上海的长江河口三角洲生态系统包括，陆地的城市、旱地、草地、森林和岛屿生态系统，湿地的滩涂、河流、湖泊、池塘和水田生态系统，以及海洋的河口湾、岛屿和近海生态系统。长江口作为长江和海洋交接的通道入口区，是长江流域重要的组成部分，源源不断的长江径流和东黄海潮流此消彼长，咸淡水交汇，营造了特殊的盐度、泥沙和水深环境。湿地中的沿海湿地对沿海地区抵御海洋灾害、生物多样性保护、保障食品安全、减缓与适应气候变化，具有重要作用，是构筑陆海一体化生态安全格局的重要组成。这也意味着上海重担在肩——她是长江和全球生物多样性保护的关键地区。

城市群与区位生态有密切的耦合关系，生态要素配置对于城市群中的超大城市发展的重要性不言而喻。城市群是城市发展到成熟阶段的最高空间组织形式，依托自然环境和交通优势在特定区域内云集相当数量不同性质、类型和等级规模的城市，以一个或两个特大城市（小型的城市群为大城市）为中心集聚而成的庞大、多核心、多层次和内在联系不断加强的城市"集合体"。

英国以伦敦为核心的城市群，以伦敦—利物浦为轴线，包括大伦敦地区、伯明翰、谢菲尔德、利物浦、曼彻斯特等大城市，以及众多小城镇。毫无疑问，泰晤士河对伦敦的发展至关重要，如果没有泰晤士河，伦敦市及其商业区将不会发展成为世界最大的金融中心之一，劳合社也不会成为世界海运保险业的中心。

欧洲西北部城市群，由大巴黎地区城市群、莱茵—鲁尔城市群、荷兰—比利时城市群构成。法国的经济繁荣离不开其密布的通航河道网，其中巴黎以塞纳河的西堤岛和河两岸为发展起源。莱茵河发源于阿尔卑斯山，流经瑞士、德国、法国和荷兰等国汇入北海，是欧洲重要的水运航道，也是流域内工业、生活用水的重要水源，在西欧经济及社会生活中起着重要的作用。

日本太平洋沿岸城市群，从千叶向西，经过东京、横滨、静冈、名古屋，到京都、大阪、神户的范围。该城市群一般分为东京、大阪、名古屋三个城市圈，是东京湾日本临海经济的典型代表。岛内交错的内海、河流、湖泊与经济发展的关系极其密切。其中琵琶湖是大阪和京都等城市的主要水源地。

美国大西洋沿岸城市群，该城市群从波士顿到华盛顿，包括波士顿、纽约、费城、巴尔的摩、华盛顿几个大城市，共 40 个 10 万人以上的城市。哈德逊河流经美国东北部由纽约流入大西洋。1825 年，伊利运河完工，把哈德逊河与伊利湖相连，东部第一大港纽约同整个东北地区联结。哈德逊河是纽约与美国东北地区的纽带。

北美五大湖城市群，分布于五大湖沿岸，从芝加哥向东到底特律、克利夫兰、匹兹堡，并一直延伸到加拿大多伦多和蒙特利尔。五大湖是世界最大淡水湖水系，面积约 24.5 万平方公里，所蓄淡水占世界地表淡水总量的 1/5。以密西西比河和五大湖为主干，从北到南形成以五大湖、伊利运河、密西西比河主干以及其众多支流等构架出的规模宏大的北美内河航道网。

放眼全球城市和城市群，长三角城市群地处环太平洋经济圈的西海岸近中部，上海正位于其近中点，仅地理位置一项，就在全球各个城市群中出类拔萃。因此，一个规模化的城市群都必须具备几个基础，有优越的自然条件和区位，有高度发达的基础设施网络。在地理分布上，世界六大城市群都沿海、沿河、沿湖分布，河流湖泊既带来了交通的便利，又为城市的工商业发展和居民生活提供水源，而这正是城市群区位优势的意义。

三、生物多样性让城市更美好

对于许多城市居民而言，"濒危物种"和"自然保护地"的概念听起来似乎很遥远。但事实上，城市居民并不是生活在生物多样性的荒漠之中，城市中的生物与生活在城市中的人，一同构成了独特的城市生物多样性。城市绿色空间是城市中动植物的主要栖息地。因此，上海不只是有外滩和陆家嘴，在高楼林立、人头攒动的表象下，其实充满了生命的活力。相对于荒野生物多样性，城市的生物多样性变得越来越重要。

2022年12月，习近平主席在联合国《生物多样性公约》第十五次缔约方大会高级别会议开幕式的致辞中指出："我们应该携手努力，共同推进人与自然和谐共生，共建地球生命共同体，共建清洁美丽世界。"习近平主席提出"共建地球生命共同体"这一重大创新理念，为政府、企业和社会组织参与生物多样性保护，也为共建生物多样性友好城市指明了方向。

客观地说，我国很多城市仍面临城市生物多样性减少、野生动物原始栖息环境遭到破坏、生态系统退化等多方面的挑战。城市更加安宁和健康，需要在立交桥旁、楼宇间、霓虹灯丛中为城市居民保留一些听得到蛙鸣鸟声，看得见萤火虫飘动，能数一数天上星星的祥和场景。

在《生物多样性公约》第十五次缔约方大会（COP15）第二阶段会议期间，上海作为COP15中国角主题日中唯一的直辖市代表，向世界展示：一座超大城市如何探索实践人与自然的和谐共生。然而，为什么是上海？这与上海走在前列的行动息息相关。

上海有丰富的生态系统多样性。上海拥有多样的生态系统，包括城市生态系统、农田生态系统、淡水湿地生态系统、森林生态系统、滩涂湿地生态系统等。根据上海市生态环境部门数据，上海城镇面积占比约38.85%，农田面积占比约30.85%，湿地、森林自然特征为主的生态空间占比约30.29%。其中，长江河口滩涂和青西河湖湿地为生物多样性重点区域。严格来说，上海没有自然森林，其生物多样性特点主要体现为湿地生态系统的鸟类多样性和鱼类多样性上。

上海有丰富的物种多样性。多样化的生态系统，加上河口湿地、河湖湿地等特殊的生物多样性重点区域，使得上海拥有丰富的动植物多样性，动植物种类繁多。但伴随着城市快速发展和人类活动干扰，珍稀濒危物种也较多。2022年，消失了一个多世纪后，"土著"麋鹿又驰骋在了上海的郊野。四头麋鹿极小种群的恢复和野放，促使人们重新审视上海的自然禀赋，继而参与其中。

许多兽类、两栖类和爬行类动物在上海安了家。根据全国第二次野生动物和重点保护野生植物资源调查数据,上海不仅有丰富的动植物物种多样性,还是全国遗传资源多样性的重点区域之一。其中,动物资源包括鸟类共22目79科517种,哺乳动物30余种,两栖动物2目7科15种,爬行动物3目13科36种,鱼类114种。植物资源包括野生维管束植物1199种,隶属于150科601属,其中,拥有国家二级保护野生植物11种。珍稀濒危物种也非常多,包括长江江豚、中华鲟、小青脚鹬、勺嘴鹬、白头鹤、中华秋沙鸭、扬子鳄、小灵猫等144种国家一、二级重点保护动物;中华水韭、舟山新木姜子等国家一、二级保护植物11种;约55种野生动物、23种野生维管束植物被列入世界自然保护联盟(IUCN)受威胁物种名录。由于位于长江中下游冲积平原,有着悠久的农耕历史和农业文化,上海还拥有大量的地方作物、畜禽水产资源的遗传资源,例如,马陆葡萄、崇明金瓜、崇明白山羊等。绿化和市容部门数据显示,自然保护地整合优化后,解决了保护地与城镇建成区交叉重叠问题,使市域内保护地总面积增加130.84公顷,促进生态系统稳定发挥生态功能,提升了生态效益。

诸多自然和区位优势,让上海受到了众多鸟类和湿地生物的青睐。在从西伯利亚到澳大拉西亚的迁徙之路上,上海是迁徙鸟类重要的中转站,仅崇明东滩鸟类国家级自然保护区就已记录到鸟类300余种。至2022年,上海记录

"在册"的 517 种鸟类，约占全国鸟类种类数的 36%，鸟类多样性在超大城市中名列前茅。大量迁徙水鸟会在崇明东滩鸟类国家级自然保护区湿地滩涂休息并且补充食物，这里是具有全球意义的迁徙水鸟生物多样性的特大型聚集地之一。

上海生物多样性是城市生态环境过滤作用和人为选择的结果，城市化不可避免地带来栖息生境的改变。一些生物丧失了适宜栖息地，或是无法应对人类活动的影响，被迫向其他地区迁徙，甚至从城市中消失。一些生物则能够很快适应环境改变，充分利用城市带来的食物资源或新的栖息地，成为城市生态环境的适应种。然而，目前上海城乡建设用地和工业用地占比仍高于伦敦、巴黎、东京、纽约等国际大城市，一些生态空间被挤占、蚕食，土地利用的效率还有优化提升空间。上海正在推进建设的环城生态公园带就体现了对这种"压力"的纾解。根据当前规划，以外环绿带为骨架的环城生态公园带上将有 50 余座公园。

值得注意的是，在上海城市内部，有大片的林地绿地、河流湖泊和大量农田，组成了不同大小的自然生境板块，为各类野生动植物提供了栖身之所。到 2021 年底，上海森林覆盖率达到了 19.42%，公园绿地面积达 22463 公顷。目前，獐、貉、狗獾等 40 多种兽类，10 多种两栖类动物，30 多种爬行类动物，都在上海安了家。因此，在保护城市生物多样性的同时，不可忽视城市的本质，否则保护工作难以持续。

复杂、协同与共存，是城市生物多样性保护的三个基本准则。美国生态学家米拉·阿伦森（Myla Aronson）在总结了全球城市绿地生物多样性的研究之后发现，生物多样性在残留的天然植被中最高，而在简单种植结构的人工绿地中（如拓展型绿屋顶）最低。可见，保持和提高城市生态系统的复杂性是保护城市生物多样性的关键。这些措施包括，保护城市自然生境的完整性和连通性，营造城市自然荒地，增加城市栖息地的多样化等。

上海城市生物多样性保护和荒野自然保护地中生物多样性保护的本质区别在于，上海是一个人口高度聚集的区域。因而，协同与共存，是城市生物多样性保护的目标。既要寻找它们和人类共存的机会，也应充分考虑人与野生动物的冲突。因此，更可持续的做法是将对城市生物多样性影响的考虑融入各项城市政策规划和日常管理措施中，让这些规划和措施能够发挥提升和保护城市生物多样性的协同效益。在与城市野生动物相处的过程中，城市居民应尽量减少对野生动物的有意或无意干扰。一些居民出于善意，投喂城市野生动物，这些做法虽然出发点是好的，但往往会造成一些不良的生态和社会后果。野生动物被食物吸引进入居民区后易导致人和动物之间的冲突。近年来，上海"明星"土著物种貉的数量增长迅速，多个居民区出现了伤害居民和捕食家养宠物的情况。无意干扰的典型例子如城市居民弃养造成的流浪猫群体，这已经成为城市生物多样性管理的一个挑战性问题。

对于生物多样性保护的重视程度，与国家、地区、城市的发展程度有密切关系。未来，当越来越多居民随着城市扩张开始与生物多样性比邻而居，且物质水平高时，会提出更高精神和文化需求，比如景观树种能否更丰富，又比如生物的多样性——林间有虫鸣、有鸟叫。这些都是上海加快建设令人向往的"生态之城"蓝图。

四、得天独厚的河口海岸滩涂湿地

湿地、森林和海洋并称全球三大生态系统，其中湿地被誉为"地球之肾""淡水之源"和"天然物种库"，是巨大的碳汇。上海的起源和发展与湿地密不可分。上海的湿地不单单是面积占比大，而且种类丰富，除了没有典型沼泽湿地，其湿地占齐了其他 3 种类型（河流湿地、湖泊湿地和滨海湿地）。这也为上海良好的生态与环境奠定了基础，产生巨大生态效益和经济社会效益。

就保护长江流域生态系统和流域经济社会可持续发展而言，河口重要性不言而喻，特别是河口海岸滩涂湿地蕴藏着丰富的动植物资源，其中滩涂湿地含有大量未被分解的有机物质，是陆地上碳汇最快的自然生态系统，也是许多重要的水生动物的育肥地。另外，已有研究证据表明，许多重要经济水生生物在长江河口有非常重要的遗传多样性资源，无疑这些遗传资源是经济水生生物遗传育种的珍贵材料。

（1）鱼类洄游通道：在长江和东海交接的通道入口区，长江径流和东海潮流此消彼长，咸淡水交汇，营造了特殊的盐度、泥沙和水深环境。因此，长江口是洄游性鱼类咸淡水过度的生态适应区域，是江海洄游性鱼类和河口定居型鱼类的关键栖息地和重要生态敏感区（图1-2），鱼类育肥和产卵两个重要生物学过程发生在此。该区域孕育了丰富的饵料资源，促成长江口为众多水生生物的觅食、

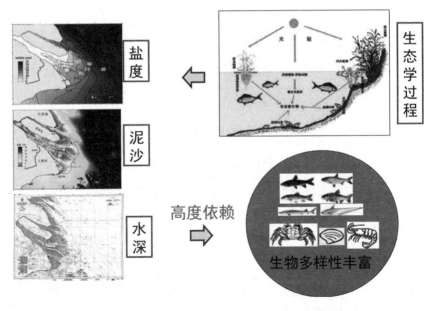

图1-2 上海长江河口生态敏感区与生物多样性示意

产卵、索饵、育肥场所和洄游通道；同时，长江口在水生生物幼体阶段的保护中起着重要作用，是长江流域水生生物生活史整体性保护的关键环节。长江口的有效保护是长江大保护关键之举，对长江流域水生生物资源的整体性保护具有不可替代意义。

长江口位于暖温性的黄海生态系统与暖水性的东海生态系统的交界处，环境因素变化剧烈，生态环境错综复杂。长江径流带来的营养物质的大量输送，使长江口及邻近海域成为生产力较高的水域，为海洋鱼类和其他海洋生物提供了良好的生存条件，吸引各类型的水生生物聚集在此水域进行繁殖，使得长江口成为很多重要经济渔业资源的产卵场（如中华绒螯蟹）、仔稚鱼的索饵场（如凤鲚），也是许多珍稀洄游性鱼类（如刀鲚、中华鲟）的洄游通道和对盐度变化的生理性适应缓冲场所（调节体液渗透压，适应新的环境）。正是因为河口复杂的生态系统，孕育了丰富度高的水生生物多样性。上海的鱼类有咸淡水鱼类、淡水鱼类、洄游鱼类、海水鱼类以及沿岸浅海定居性鱼类5种类型，其中洄游性鱼类是上海市鱼类的重要组成部分。河口区域生物多样性的巨大生态服务功能与生态过程多样性，为经济社会发展提供了不可或缺的物质基础。

（2）越冬鸟类栖息地：广袤的滩涂湿地为迁徙鸟类提供了良好的栖息地。上海市的迁徙鸟类几乎都集中在河口海岸滩涂湿地。据多年调查研究，东北亚鹤类迁徙路线、东亚雁鸭类迁徙路线和东亚—澳大拉西亚鸻鹬类迁徙路线都经过上海，每年在上海过境中转或来越冬的候鸟数量在数百万只次以上。

（3）提供淡水资源，保障城市水安全。河口湿地还为上海提供了最重要的饮用水水源地。虽然湿地资源丰富，但仍是一个水质性缺水的超大城市，这也是上海水资源面临的瓶颈。水质型缺水，指的是氮磷污染导致水环境问题突出，在一定程度上限制了上海水生态和水环境进一步改善。城市的发展需要大量水资源，仅仅依靠降雨和地下水，远不能满足城市生产和生活所需。这也意味着上海没有办法提供直饮水，而直饮水是体现城市竞争力的重要方面。

（4）提供文化、教育和休闲娱乐功能。湿地具有自然观光、旅游、娱乐、美学等方面的功能和巨大的景观价值。上海市许多重要旅游资源都分布在湿地区域。截至2023年2月，我国已有82处国际重要湿地，其中，上海有2处湿地列入名单，分别为崇明东滩国际重要湿地和长江口中华鲟国际重要湿地。此外，上海有13块市级重要湿地区域，涉及崇明、浦东、奉贤、金山、青浦等区。湿地丰富的野生动植物和遗传资源等为教育和科学研究提供了条件。

（5）提供后备土地资源。长江河口三角洲的咸淡水交汇，沙洲发育，深槽浅滩相间，在潮流和径流的共同作用下，平均每年携带 3.9 亿吨输沙量进入长江口，其中一半在长江口和杭州湾北岸沉积，使具有岛屿边滩、陆岸边滩以及沙洲为主的自然湿地特征的近海及海岸湿地不断向江海域扩张延伸，是上海后备土地的唯一来源。

第二章

超大城市的生态保护与实践

一、"全球城市"生态城市发展的共性

"全球城市"最早由美国经济学家萨森（Saskia Sassen）提出，是对世界经济一体化的城市空间表达，是世界经济活动的中枢或中转站，也是国际政治、文化中心，以及生态文明发展和建设领先的城市。当前，很多国外城市积极探索、大胆创新，建设了很多生态城市。我们以三大"全球城市"——纽约、伦敦和东京为代表，其中，伦敦和东京分别拓展至大伦敦地区和东京都市圈，分析"全球城市"在生态城市发展过程中面临多种问题和建设路径的共同之处。

（1）全球城市生态城市发展中的共性问题

其一，经济发展优先、生态保护滞后。东京、纽约和伦敦都是经济社会率先发展的全球城市范例，在城市早期发展阶段，都存在严重的生态环境污染问题。在政策执行过程中，常常以经济发展为主，大力发展重工业，生态保护和环境管理明显滞后于经济发展，导致城市污染严重，甚至出现恶劣的公害事件。如伦敦烟雾事件、东京光化学烟雾事件。直到出现了类似的恶劣环境公害事件和城市公共卫生危机，政府部门才意识到无限制的工业生产给城市带来的巨大危害，开始逐步重视生态文明建设。然而此时的问题已经不单单是生态保护，还需要进行巨额而漫长的生态恢复投资，同时需要在一系列繁杂问题中不断摸索与平衡。经过半个多世纪的思考与实践，才形成了今天伦敦、东京与纽约的生态城市建设成果。

其二，早期无序的城市规划带来的环境问题。摊大饼式的无序的城市扩张是早期城市发展的主要形式。纽约、大伦敦等全球城市都经历了城市扩张的发展过程，这种发展在带来城市形象提升和产业升级的同时也引起了严重的城市病。例如城市交通缺少有组织的科学规划，城市人口过度集中，城市交通拥堵严重等。由于优势资源集中于城市中心，城市交通流向单一，汽车尾气污染集中，土地利用效率低下，环境问题突出。

其三，早期城市生态环境治理缺乏整体规划。在生态城市建设的初期阶段，由于缺乏经验以及科学技术水平的有限，主要的世界级城市均面临着先污染后治理的环境问题。环境管理总是被环境污染牵着走，出现什么样的污染就采取什么样的治理措施，并未通盘考虑污染物减排的协调性。

例如纽约、大伦敦、东京都在早期阶段由于大力发展工业，水环境及大气环境污染严重。这些城市在出现严重的生态环境污染后，才开始出台相关法律法规及采取治理措施，并未提早做出相应的规划来预防生态污染问题。

（2）全球城市生态城市建设的共同之处

全球城市生态城市建设的共同之处体现在多部门共同促进、与经济社会发展密切相关以及生态城建设的目标具有长效性和强制性这三个方面。

第一，跨部门协同促进生态城市建设。生态城市建设涉及自然生态保护、环境治理、产业结构调整、能源结构调整、城市规划布局等一系列内容。欧美世界城市的生态城市建设经验表明，多个政府管理部门协调参与是促进生态城市建设与发展的前提条件和重要因素之一。

第二，生态城市的建设与经济社会发展阶段进程密切相关。比较分析纽约、大伦敦和东京都生态城市建设的历程可知，生态城市的建设与经济社会发展阶段进程密切相关。在早期，随着工业的发展，城市人口数量猛增，再加上粗放型制造业的产业结构及以煤为主的能源消费结构，造成城市生态环境日益恶化。该时期的目标是提出相关的治理政策，治理主要的环境污染。经过前一阶段的治理，全球城市开始着手进行能源转型与产业结构调整，从源头解决环境问题。这一时期，环境问题得到极大改善，制造业衰退，服务业兴起，政府开始以生态城市建设为主要目标，致力于将城市建设成为更宜居的绿色、可持续发展的低碳生态城市。步入生态城市建设的发展时期，全球城市的主要目标是降低全球气候变暖给城市安全带来的风险，继续保持在全球城市体系中的领导地位。

第三，生态城市建设的目标和制度具有长效性和强制性。全球城市生态城市的建设目标均具有长效性和强制性的特点。例如，纽约在提出 2030 年规划后，对规划进行了持续的跟进，主要形式是每 4 年对规划进行一次修编，每年展开一次进展评估等。东京都立足自身发展实际情况，在 2016 年发布了《都市营造的宏伟设计——东京 2040》，明确提出"安全之城"的发展愿景，并以此制定城市发展战略和详细的行动计划来引导城市的韧性发展，应对有限的资源条件和受全球气候变化等多方面带来的影响。

（3）全球城市生态城市建设的政策和路径的选择

纽约主要通过城市规划实现生态城市建设目标。纽约大湾区以公共利益为导向，对大都市圈进行合理规划，实现城市间协调发展。其第三次规划核心是"重建 3E——经济、公平和环境"，实施"绿地方略"，对自然资源和环境进行系统性保护。第四次规划核心是"经济、包容性和宜居性"，提出"应对全球气候变化等威胁，组建国际咨询委员会，通过动员各种跨国联盟资源以确保计划实现，提升区域可持续发展能力"。在城市规划过程中，虽然是以控制人口规模、促进经济增长为主要目标，但同时给予生态环境问题很高的关注，将弹性城市战略作为城市规划中的一部分。例如，在水环境治理方面，纽约市政府通过实施绿色基础设施计划，以确保在暴雨等不利天气条件下，能够收集并处理城市雨污径流。美国早期主要政策有《水供应法》（1905）、《空气控制法令》（1966）、《清洁空气法》（1970）、《清洁水法》（1972）等。

大伦敦主要通过分区管理实现生态城市建设目标。伦敦在大气污染治理、水质改善及交通拥堵治理方面均采用分区管理实现生态城市建设目标。例如，在大气污染治理方面，伦敦划分不同的烟尘控制区；在水质改善方面，把泰晤士河划成10个地区管理机构，各区按业务性质进行明确的分工；在交通拥堵治理方面，分区征收拥堵费等。英国和伦敦市早期主要政策有《清洁空气法》（1956）、《水资源法》（1990）、《环境保护法》（1990）、《气候变化行动计划》（2007）等。

东京都注重区域协同转型实现生态城市建设目标。东京圈在生态城市建设的过程中，注重区域协调转型。东京大区从1959年起，先后5次制定基本规划，明确城市功能定位，缓解住房紧张、交通拥挤和环境污染等问题，从第一次规划就开始重视生态环境保护，强调城市可持续发展。1976年制定的十年规划（1976—1985年）对环境保护、资

源节约、灾害防治等进行了重点关注。例如，1953 年出台
《首都圈整治法》，1999 年出台《首都圈大都市区构想》，构
建区域环境协作机制。东京都政府提出的东京湾水质改善
一体化措施、废弃物回收处理、大气污染防治等措施都是
将区域一体化视为出发点，来共同改善区域环境生态质量。

二、未来上海城市生态环境内外部压力

上海面临着内部的生态与空间承载力的制约因素影响，
又有来自长江流域生态环境演变、长三角城市群一体化
（城市群生态系统更新）以及全球气候变化等因素对上海造
成生态环境影响及风险的外部压力。同时，在我国留学生
回国、外籍人员增加等新形势下，上海面临着人口总量有
增无减的压力，人均对于住房、车位、道路、文教医疗等
公共服务以及公共绿地和绿化面积的资源需求量持续增加，
成为上海城市发展的内部压力。

（1）上海城市发展的生态环境内部压力

人口总量增长带来的人均资源量需求增加，带来了生
态与空间承载力的制约因素。上海城镇生态系统土地利用
表现出"高密度、高强度"的特征。根据土地利用数据分
析显示，上海建设用地年均增幅约 3.4%。上海城乡建设用
地占比和工业用地占比明显高于伦敦、巴黎和东京圈等国

际大都市，重要生态空间面临被进一步蚕食的压力。土地开发利用强度远超 30% 的国际警戒线，接近 50%，高于大伦敦（23.7%）、大巴黎（21%）和东京圈（29%）等全球城市。公共绿地规模占比仅为发达国家城市平均水平的三分之一左右；地均 GDP 产出仅为巴黎的三分之一，东京的九分之一。上海市第二次全国土地调查主要数据成果显示，上海耕地面积为 1897 平方公里，比第一次调查时锐减约四成，人均耕地面积仅为 0.13 亩居全国最低水平线。

上海水资源可持续利用的压力。客观来看，上海四大水源地水质与世界一流城市相比差距较大。上海被列为全国 36 个水质型缺水城市之一，2019 年，上海市主要河流断面水质类别比例为，Ⅱ—Ⅲ类占比 48.3%，Ⅳ类占比 47.5%，Ⅴ类占比 3.1%，劣 Ⅴ 类占比 1.1%。上海的污染由点源向非点源转移。来自长江上游和上海本地的多元氮磷污染导致部分水体富营养化问题，成为限制上海和邻近海域水生态和水环境进一步改善的关键因素之一。长江水源地周边总氮、总磷等营养盐指标较高，存在水体富营养化风险；陈行水库易受浏河排污影响，且应对咸潮能力不足；黄浦江上游金泽水库易受太浦河上游沿线排污及河网泄洪影响，存在复杂污染隐患。

上海能源消费结构亟待优化。"十四五"初期，上海能源消费中天然气和非化石能源分别占 12% 和 18%，传统化石能源占比处于较高水平。交通、建筑领域碳排放量呈刚性上升态势，对碳排放总量降低带来挑战。统计数据显示，2022 年上海市环境空气质量指数优良率为 87.1%，细颗粒物 PM2.5 年均浓度为 25 微克 / 立方米。近年来，臭氧已取代 PM2.5，成为上海大气治理领域的首要污染物，而整个长三角地区的臭氧浓度均有提升趋势。

上海面临外来物种入侵的压力，威胁自然生态系统健康。城市生态系统的本质是寄生性、高度开放的城市生态系统。上海自身的生态系统服务功能很低，因此是典型的寄生性城市生态系统，更依赖于区域生态环境。尽管近年来，崇明东滩的互花米草治理取得成效，但由于作为国际经济、金融、港口贸易航运和科技创新中心，外来物种入侵压力大，风险和治理难度并存。

（2）上海城市发展的生态环境外部压力

长江经济带和长三角一体化发展的生态环境挑战。上海所处的长江口—杭州湾海域地处多个国家战略交汇区，是我国最重要的陆海连接区域之一。近年来，长江口—杭州湾承载着长江流域和长三角地区高强度开发活动带来的环境压力，劣四类水质面积和水体富营养化程度长期居高不下，成为我国近岸海域生态环境问题最为突出和集中的区域，也是水质改善难度最大和治理最复杂的区域之一。《2021 上海市生态环境状况公报》显示，上海市近岸海域水质以劣四类为主，劣四类水质在 2017 年之前呈降低趋势，2018 年之后又有所上升。2021 年，上海市海域符合海水水质标准第一类和第二类的面积占 25.4%，符合第三类和第四类的面积占 14.4%，劣于第四类的面积占 60.2%。因此，沿江产业布局和水环境问题对下游上海的影响不容忽视。长三角地区地表水污染未实现根本性扭转，劣 V 类水质断面尚未消除，与区域水环境保护目标仍存在差距。长三角近 60% 省级以上开发区中的主导产业涉及石化、医药、农药等化工产业，其中化工类开发区或设有化工分园分区的开发区占 40%，主要分布在沿江、环杭州湾及江苏和浙江沿海地区。

区域饮用水水源安全与风险。在过去水污染胁迫下，长三角相当一部分城市供水水源地被迫调整、迁移，城市供水格局发生转变，上海城市供水对长江干流的依赖度增强，上海市取水量中大部分来自长江。长三角地区处于长江流域、淮河流域下游，饮用水以地表水源为主，河流和湖库型集中式饮用水水源地占 97.9%，保障地表水饮用水源安全是水环境保护的优先目标，维护流域水安全的核心任务。长江干流氮磷污染控制不仅关系到长江中下游及河口水环境修复，还直接影响到长三角地区尤其上海的水源地安全。同时，长江河口河网易受咸潮影响，2022 年 8—10 月份就有多次咸潮入侵，对上海饮用水源安全造成较大影响。

长三角城镇化趋势使得生态系统向城镇演变，高功能生态系统面积减少。长三角地区土地利用以耕地类型为主，其次为森林、城镇和水域湿地，草地、灌丛和裸地的分布面积较小。过去 20 年，长三角地区生态系统构成的总体变化情况为除城镇聚落生态系统的面积增加，其他具有较高生态服务功能的生态系统的面积有不同程度减少。未来，随着长三角生态系统服务功能、供需关系和流转的改变，生态产品价值实现路径的探索仍有较大空间。

（3）上海生态之城建设的短板

总体上，上海仍处于城市能级和核心竞争力全面提升的关键爬坡期。功能定位上，上海全球城市架构已经基本形成，但城市能级和核心竞争力还不够，亟待大力推动科技创新，提升高端制造业竞争力，以强化"四大功能"为主要引领和突破口，推进"五个中心"建设，从而优化提升城市功能结构。

上海生态环境保护仍处于从被动应对向主动作为转变的过渡期。环境治理方面，长期以行政管制为主，主要以"规划标准＋财政奖补＋监督执法"的方式推进，多方合作、社会共治的体系尚未形成，生态环境对推进城市绿色发展转型所发挥的战略性、全局性、主动性引领作用还需要加强。社会转型方面，全社会绿色生活消费方式转变仍处于探索期。长期以来，从国家到地方将推进生态绿色发展的重点都放在经济领域并侧重生产环节。实践证明，作为短板的绿色消费领域问题不解决，绿色发展就难以落到实处。这部分将在第二篇展开介绍。

三、向生态之城迈进的探索与行动

上海是我国较早注重城市生态问题，并坚持付诸生态建设实践的城市。上海的城市规划经历5次方案演进（图2-1），从《1946年大上海都市计划（1946—1949年）》《1959年上海城市总体规划方案》《1986年上海市城市总体规划方案》《2001年上海市城市总体规划方案（1999—2020年）》，到《上海市城市总体规划（2017—2035年）》（以下简称"上海2035"），首次提出"生态之城"的概念，提出建设卓越的全球城市的目标，并从可持续发展的角度将建设"生态之城"确立为城市发展的一项重要分目标。上海城市发展转型进程中伴随着生态环境质量的问题、改善和提升。尤其是改革开放40多年，不仅是经济实力、城市功能、人民生活水平实现历史性飞跃的过程，更是上海环境治理升级、生态环境优化、人民幸福感持续提升的过程，上海走出了一条超大城市生态环境保护转型的道路。

（1）顶层设计和规划

2018年，上海正式启动实施《上海市2018—2020年环境保护和建设三年行动计划》，即第七轮环保三年行动计划，提出更加注重推进各领域绿色转型发展，上海将更加注重推进各领域绿色转型发展，形成保护环境的空间格局、产业结构、绿色生产方式和生活方式。对比第二轮和第七

1946 年大上海都市计划总图
大上海都市计划，1946—1949 年

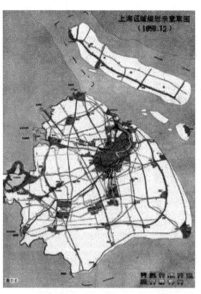

1959 年上海城市总体规划方案
上海城市总体规划的初步意见，1959 年

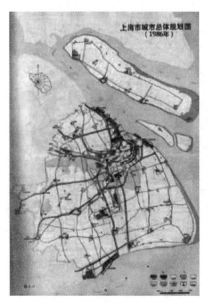

1986 年上海市城市总体规划方案
上海市城市总体规划方案，1986 年

2001 年上海市城市总体规划方案
上海市城市总体规划，1999 年—2020 年

图 2-1 上海四次城市发展规划演进

轮环保三年行动计划的词频分析，可以看出"绿色""生态"成为环保行动的新主题，上海环保工作开始进入生态环境质量总体改善、绿色转型全面推进、生态环境治理体系和治理能力现代化发展的新阶段，开始突出绿色生态在提升城市吸引力和竞争力中的关键作用，打造生态优先、绿色发展的大都市发展模式。

上海2035的战略定位为：国际经济、金融、贸易、航运和科技创新中心。提出要在"上海2035"指导下，着力提升城市功能，塑造特色风貌，改善环境质量，优化管理服务，努力把上海建设成为创新之城、人文之城、生态之城，卓越的全球城市和社会主义现代化国际大都市。明确了战略目标：到2035年将基本建成卓越的全球城市，令人向往的创新之城、人文之城、生态之城。其中，"生态之城"特点将是：城市更具韧性、更可持续，拥有绿色、低碳、健康的生产和生活方式，人与自然更加和谐，天蓝地绿水清的生态环境更加怡人。围绕这一目标，上海市近年来以土地整治和建设用地减量化为突破口，做好加减法，加大城市环境治理，保护生态郊野，大力推进生态文明建设，向"生态之城"逐步迈进。

"上海2035"提出至2035年，上海市域生态用地占市域陆地面积的比例要达到60%以上，湿地总量保持稳定，将崇明世界级生态岛打造成为生物多样性高水平保护样板区（表 2-1）。陆域范围内，在建设用地总规模控制在 3200 平方公里的基础上，统筹水系、耕地、林地、绿地、湿地等各类发挥生态功能的空间要素，在保护现状生态用地基础上，进一步通过生态建设增加生态空间规模（图 2-2）。

表 2-1　"上海 2035"生态之城建设核心目标

指　　　标	2015 年现状	2035 年目标
陆域生态用地占比（%）	57	≥ 60
人均公园绿地面积（平方米）	7.6	13
森林覆盖率（%）	15	23
河湖水面率（%）	9.8	10.5
耕地保有率（万亩）	282	180
湿地总面积（平方公里）	4681	不减少

（2）探索与付诸实践

上海在迈向生态之城的实践有很多前期案例和经验。如环境治理（苏州河与上海河道治理）、绿色发展（崇明世界级生态岛建设）、自然保护（长江口自然保护地体系）、生态修复（互花米草控制与生态修复）、生态宜居（延中绿地和滨江空间布局）和循环利用（垃圾管理分类与循环利用）。

在此，我们仅列举三个代表性案例。

① 自然保护：长江口自然保护地体系和生态保护红线制度

建立自然保护区是保护生态环境、自然资源的有效措施，是保护生物多样性的最有效途径、建设生态文明的重要载体。自 20 世纪末以来，上海市自然保护区的建设和管

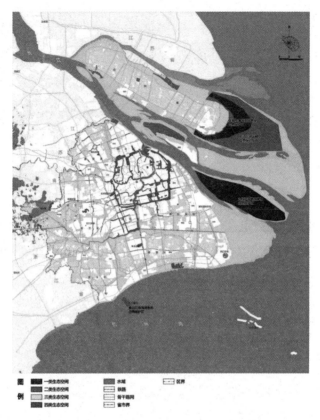

图 2-2　"上海 2035"市域生态空间规划
来源:《上海市城市总体规划（2017—2035 年）》

理取得了显著成效，先后建立了金山三岛海洋生态自然保护区、崇明东滩鸟类国家级自然保护区、九段沙湿地国家级自然保护区和长江口中华鲟自然保护区等长江口自然保护地体系，成立了相应的管理机构并制定了管理办法。自然保护区已成为上海城市文化和城市形象的重要组成部分。除了长江口的自然保护地，还有 5 个自然公园，以及 20 处野生动植物重要栖息地，为两栖类、爬行类和鸟类等提供了优质生境空间。到 2035 年，上海将逐步构建以自然保护地及生态保护红线为核心、城市生态空间网络为框架的就地保护体系。

划定生态保护红线是我国的一个新探索。生态保护红线是指在生态空间范围内具有特殊重要生态功能、必须强制性严格保护的区域，即各种生态功能重要区域，以及生态环境敏感脆弱区域。生态保护红线对于保护生态系统完整性、生态空间连续性、生态服务功能可持续性尤为重要。生态保护红线包括三大类：一是整合调整优化后的自然保护地，二是各类自然保护地以外的生态功能极重要和生态极脆弱区域，三是目前基本没有人类活动、具有潜在重要生态价值的战略留白区。尽管生态保护红线和自然保护地之间的衔接仍面临多方面问题和现实制约因素，以生态保护红线为重要内容的"三线一单"和"三区三线"已成为生态环境分区管控体系和国土空间规划体系的基础。

2023 年 6 月，上海发布最新版生态保护红线。五大类生态保护红线总面积 2527.3 平方公里（表 2-2）。其中，陆域面积 130.05 平方公里，长江河口及海域面积 2397.25 平方公里。通过划定生态保护红线，将各种珍稀保护动植物都纳入保护范围，包括物种的栖息地或生境。保护范围扩大后，栖息地、生境的连通性进一步加强，生态廊道效应增强，其应对气候变化能力也随之提升。通过向上衔接市域生态空间管控体系，向下衔接各类重要生态要素的管理要求，生态保护红线及其管理机制已成为市域空间管制最严格的手段。

表 2-2　上海市生态保护红线类型

类型	红线范围	对应生态要素
生物多样性维护红线	东滩保护区、长江口、九段沙、金山三岛 4 处生物多样性维护红线	自然保护区
	东滩地质公园、东风西沙 2 处生物多样性维护红线	国家地质公园核心区
	西沙、崇明北湖 2 处生物多样性维护红线	重要湿地
	淀山湖生物多样性维护红线	重要水体
	东平、佘山、海湾 3 处生物多样性维护红线	国家森林公园核心区
	嘉定浏岛、青浦大莲湖、宝山陈行—宝钢水库、松江新浜、崇明东滩湿地公园 5 处生物多样性维护红线	野生动物重要栖息地
水源涵养红线	青草沙、东风西沙、陈行、黄浦江上游松浦大桥、黄浦江上游金泽 5 处水源涵养红线	饮用水水源一级保护区
特别保护海岛红线	佘山岛领海基点	特别保护海岛
重要滩涂及浅海水域红线	南汇嘴、顾园沙 2 处湿地	重要滨海湿地
	陈行饮用水水源保护区、浦东滨江森林公园、南汇嘴、奉贤海湾森林公园、奉贤华电灰坝 5 处自然岸线	大陆自然岸线
	崇明东滩鸟类国家级自然保护区、青草沙饮用水水源保护区、九段沙湿地国家级自然保护区、金山三岛海洋生态自然保护区 4 处自然岸线	海岛自然岸线
重要渔业资源产卵场红线	长江刀鲚水产种质资源保护区、长江口南槽口外的 1 号和 2 号捕捞区	重要渔业资源

② 生态修复：外来物种互花米草控制与生态修复

崇明东滩是我国最典型的河口型潮汐滩涂湿地之一，2002 年被列入国际重要湿地名录，对于新生河口沙洲湿地保育、迁徙鸟类保护及我国履行国际湿地公约和树立良好国际形象方面具有十分重要的意义。崇明东滩鸟类国家级自然保护区处于长江口的核心部位，是以鸻鹬类、雁鸭类、鹭类、鸥类、鹤类作为代表性物种的迁徙鸟类及其赖以生存的河口湿地生态系统为主要保护对象的野生生物类型自然保护区。

20 世纪 90 年代中期，上海市有关部门为了利用长江上游泥沙资源，加快滩涂淤涨成陆，保护沿江一线海塘的安全和人民生命财产免受自然灾害的影响，在崇明东滩等地陆续引进并种植了外来物种互花米草。由于当时对外来物种入侵的危害没有深入的认识，且崇明东滩尚未建立自然保护区，没有及时采取人工干预措施，互花米草扩散速度远远超过想象。2011 年，互花米草在崇明东滩的分布面积已达到 21 平方公里左右，并仍以每年 3—4 平方公里的速度向保护区核心区扩张。互花米草的迅速扩散，引发了一系列的生态影响，严重挤占了东滩土著植物群落的生存空间。海三棱藨草、芦苇等土著植物群落大面积消失，对迁徙的水鸟是严重的打击。科学调查发现，互花米草群落中记录到的鸟类种类和密度远远低于本地植物群落，并且改变了崇明东滩的底栖动物、昆虫、鱼类的群落组成和结构，严重威胁崇明东滩的生物多样性。互花米草的入侵，还进一步威胁到了鹭类、鸻鹬类等鸟类的主要食源，直接导致了互花米草覆盖区域鸟类生物多样性的明显下降，威胁国家一、二级保护鸟类在崇明东滩的栖息。控制住互花米草的扩张，改善入侵地的生态系统质量，稳定鸟类的栖息地和食物来源，是摆在东滩保护区管理者面前十分紧迫的问题。

2006年起，东滩保护区在上海市林业局领导下开始联合市科委等20多个委、办、局以及复旦大学、华东师范大学等有关高校开展互花米草生态治理的研究。经过不断探索，最终形成了互花米草控制与治理人工强干预的工作思路，针对东滩互花米草分布特点和生物学习性，创造性提出"围、割、淹、晒、种、调"综合治理方法，形成大规模清除互花米草技术综合集成。保护区申报的"上海崇明东滩鸟类国家级自然保护区互花米草生态控制与鸟类栖息地优化工程"经上海市发改委批准正式立项，并于2013年9月开工建设。集成物理、生物和工程等多种手段，治理互花米草取得初步成功。2018年底，崇明东滩生态修复项目取得决定性胜利：建成围堤26.9公里、随塘河50公里、涵闸4座和东旺沙水闸1座，治理互花米草25367亩，种植海三棱藨草1500亩、海水稻426亩，营造岛屿56个，修复营造河漫滩优质生境近45万平方米，形成了近4万亩环境相对封闭，水位可调控管理的修复区。在互花米草控制、鸟类栖息地优化以及土著植物恢复等核心目标实现方面也取得了显著的效果。通过水位调控和带水刈割，实现了95%以上的互花米草灭除控制率，扭转了互花米草在崇明东滩大肆扩张蔓延的严峻态势。与此同时，经人工种植和自然恢复，东滩土著物种芦苇、海三棱藨草等逐步恢复，退化湿地生态系统逐步改善并趋于稳定。2021年底，曾一度消失多年的小天鹅再次以1000只的"大家庭"出现在崇明东滩，让鸟类爱好者们欣喜不已。

崇明东滩生态修复工程是全球外来物种入侵控制最具影响力的工程之一。项目获评2016年度中国人居范例奖、第十届中华环境优秀奖、2018年首届生态中国湿地保护示范奖等荣誉。美国、英国、澳大利亚等国以及世界组织约20批次近百人前来学习外来种入侵治理的中国经验。

③ 生态立岛：崇明世界级生态岛建设

上海市近百年来经济社会发展有一个重要的地理轨迹：跨越苏州河、跨越黄浦江和跨越长江三个阶段。此时，崇明岛由于其特殊地理位置就显得格外关键，不但为上海经济社会发展预留了战略空间，而且它在推进长三角区域一体化，加强上海国际大都市向苏北的辐射具有非常重要的意义。崇明作为上海经济欠发达的地区，正反映了当前中国社会经济发展的一个缩影，即区域发展的不平衡，城乡发展的不平衡。作为发达地区的一个欠发达区域，崇明的跨越式发展不仅对于上海拓展发展空间，寻找新的经济引擎具有重要意义，而且对于我国解决区域发展的不平衡也是一个很好的探索。

长期以来，由于崇明岛与上海市中心有一江之隔，人流和物流沟通不畅，所受上海的经济辐射影响较小，导致经济发展相对上海其他区域相对落后。但换个角度来看，也正是因为崇明经济的欠发展，才使得优良的生态环境得以保留。很多地方的发展经历已经表明，如果单纯为了经济增长而对崇明进行传统模式的开发，必然会把优良的生态环境毁于一旦。因此，生态岛建设，是崇明发展唯一可选的道路。

2007年4月，时任上海市委书记的习近平到崇明调研，指出要把崇明建设成为环境和谐优美、资源集约利用、经济社会协调发展的现代化生态岛区。这对崇明人来说是一帖极其及时的"清醒剂"。崇明始终坚持"生态立岛"的理念，将绿色发展贯穿于经济社会发展的全过程。因为自然条件优越，需求与挑战并存，提出"崇明生态岛建设"是历史的必然。崇明生态岛建设大致可划分为几个阶段，即早期探索阶段（1998年前）、战略定位（1998—2001年）、规划先导（2002—2004年）、有序推进（2005年至今）。

早期探索阶段（1998年前）：崇明是我国生态农业的先行者。生态农业建设在崇明岛有着较长的历史。20世纪

70 年代，东风农场开始牲畜粪便循环利用的生态工程实践，成为"生态农场"的先行者。20 世纪 80 年代初，前卫村开始利用养猪场的沼气，探索生态农业的发展新模式。在此期间，崇明全县开始组织探讨未来发展的规划，探索崇明岛未来发展的功能定位。1997 年，《上海综合经济》发表《崇明岛的优势及跨世纪开发的构想》一文，提出"把崇明建设成具有国际影响的国家级国际化的绿色生态岛"的概念。

战略定位阶段（1998—2001 年）：崇明生态岛建设上升为国家战略。1998 年，上海起草《上海市城市总体规划（1999—2020）》时正式提出崇明岛战略定位的命题。1999—2000 年，上海市综合经济研究所开展了《崇明发展战略》课题研究。2000 年，上海启动《把崇明建设成为上海生态绿岛的研究》课题，首次把崇明开发的规划起点定于生态建设。同年，国务院十三部委联席会议上一致认为崇明必须按照生态岛要求发展。2001 年 5 月，国务院批复并原则同意《上海市城市总体规划》(1999—2020)，提出"将崇明作为 21 世纪上海可持续发展的重要战略空间"。2001 年 10 月，崇明县创建国家级生态示范区工作通过了考核验收，2002 年 3 月被国家环保总局正式命名为"国家级生态示范区"。

规划先导阶段（2002—2004 年）：政府进行生态岛建

设的整体布局。这个阶段开始设立"崇明生态建设专项资金",统筹市级政府性的预算内和预算外资金、崇明县政府性的预算内和预算外资金以及社会、个人捐赠以及国家允许的其他资金筹措渠道,用于植树造林、保护湿地、水系治理、建设污水及垃圾处理厂和关闭污染企业等方面。

有序推进阶段(2005年至今)。崇明生态岛建设路线图逐渐清晰,即"加快生态建设,完善基础设施,优化人居环境,提升社会保障,严防生态风险,培育高端产业"。提出打造高效生态农业,先进制造业和现代服务业,将生态优势转化为经济优势,打造绿色产业体系。2005年长兴、横沙两岛划归崇明县,上海市政府批准《崇明三岛总体规划(2005—2020)》,提出把崇明建成环境和谐优美、资源集约利用、经济社会协调发展的现代化生态岛区。崇明,从此迈上了建设"世界级生态岛"的征程。

近十年崇明生态岛建设引起了国内外广泛的关注。原因有三:第一,崇明岛地理位置独特,对全球生物多样性保护具有重要意义;第二,在上海城市群建设和长三角经济区一体化发展中有重要的战略地位;第三,为我国发达地区内欠发达区域实现跨越式发展创造出新的发展模式。在崇明生态岛建设的大量理论探索和实践活动中,崇明生态岛建设的重要意义、贡献和成效在各级政府和公众中逐步形成共识。

崇明生态岛建设为践行生态优先、绿色发展作出了重要贡献。首先，对发展中岛国探索经济转型与生态发展模式有重要借鉴意义。在世界上，类似的大大小小岛国42个，它们的自然地理条件赋予得天独厚的自然资本，但又由于地理隔离造成交通瓶颈，现代工业和现代服务业水平低下，几乎都是欠发达地区，总体上与崇明岛非常类似：区域经济以传统农业和观光旅游业为主体。岛域经济结构如何转型，以及如何提高区域经济社会发展水平是全球岛国面临的重大挑战。因此，崇明生态岛建设自然引起联合国和国际社会的密切关注。其次，崇明生态岛的建设对全球生物多样性保护与岛国发展模式的重要贡献，有效保护了全球生态敏感区——长江河口生态系统。

"世界级生态岛"应当是一个自然生态健康、人居生态和谐、产业生态高端的复合岛屿生态系统。十几年前，崇明主要依靠传统能源，经济虽在稳步发展，但对生态环境产生一定影响。"世界级生态岛"功能定位确定后，崇明在绿色能源利用方面开展深入探索，广泛开展各类新能源应用尝试。在这间，绿色能源项目从零开始，一大批风力、太阳能、浅层地热能利用等项目相继建成并投入运行，为生态岛建设提供越来越多的绿色"能量"。崇明生态系统服务功能不断提升，自然资本不断增值，越来越凸显出它的战略地位。

崇明生态岛建设,是生态文明时代的区域发展形态,成为转型发展、科技驱动和机制创新相结合的典范,有广泛影响力。联合国副秘书长阿奇姆·施泰纳曾对此给予非常高的评价:"崇明生态岛将中国的生态文明理念运用于不同层次的生态建设中,构建出了适合本土发展的创新模式,它的实践证明了生态可以有效促进社会、环境和经济协调发展,其建设理念和成功经验为其他发展中国家和地区建设生态文明发挥了良好的示范作用。"崇明岛生态建设的核心价值反映了联合国开发计划署的绿色经济理念,对中国乃至全世界发展中国家,探索区域转型的生态发展模式,具有重要的借鉴意义。联合国环境规划署将把崇明生态岛建设作为典型案例,编入其绿色经济教材,建议全球 42 个岛国学习。

四、融入长三角区域一体化的生态共赢

上海是长江三角洲生态体系的有机组成部分,要提高生态环境质量,不能自扫门前雪,需要与"左邻右舍"携手合作。

2019 年,中共中央和国务院印发了《长江三角洲区域一体化发展规划纲要》,提出要共同加强生态保护,明确要求合力保护重要生态空间,加强生态环境分区管治,强化

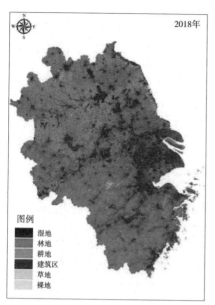

2018年

2022年

图例
■ 湿地
林地
耕地
■ 建筑区
草地
裸地

图 2-3　2018—2022 年长三角生态系统空间格局

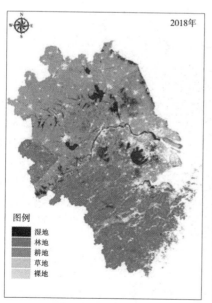

2018年

2022年

图例
■ 湿地
林地
耕地
草地
裸地

图 2-4　2018—2022 年长三角主要生态空间格局

生态红线区域保护和修复，确保生态空间面积不减少，保护好长三角可持续发展生命线。长三角一体化生态保护目标对接了长三角的重要生态空间和典型生态系统（图2-3，2-4，2-5）。生态空间包括：重要山水林田湖草系统——长江生态廊道、淮河—洪泽湖生态廊道、环巢湖地区和崇明岛等；绿色生态屏障——皖西大别山区和皖南—浙西—浙南山区等；自然保护地体系——钱江源国家公园等。重要生态系统包括森林、河湖和湿地。这三种重要生态系统体现了长三角的自然特征和自然资本。

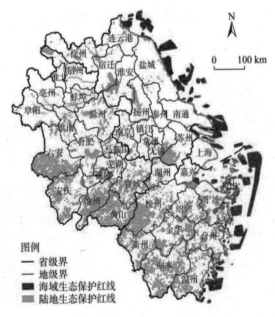

图2-5　长三角生态保护红线

五年来，上海建立健全长三角区域生态环境保护协作机制，在原区域大气、水协作机制的基础上，牵头成立长三角区域生态环境保护协作小组，在水污染联防联治、固体废物跨区域联防联治、示范区水源保护协作机制等方面深入探索生态环境联保共治。生态环境部门监测数据显示，2022年，长三角地区41个城市细颗粒物（PM2.5）平均浓度为31微克/立方米，较2018年下降26.2%，连续3年达到国家空气质量二级标准；空气质量平均优良天数比率83.0%，较2018年上升7.3个百分点。594个地表水国考断面水质优良（Ⅰ—Ⅲ类）比例为92.1%，较2018年上升12.6%；全面消除劣Ⅴ类断面，较2018年下降0.9%。

　　放眼整个长三角，一块占地2413平方公里的区域格外引人注目——长三角生态绿色一体化发展示范区。示范区包括上海市青浦区、江苏省苏州市吴江区、浙江省嘉兴市嘉善县，是实施长三角一体化发展战略的先手棋和突破口。示范区建立了生态环境标准统一、监测统一、监管统一的"三统一"机制，重点跨界水体联保机制，统一的河湖环境要素功能目标、污染防治及评估考核机制，并出台了环评制度改革相关指导意见。同时，以生态促发展，以碳中和引领绿色低碳发展。2023年6月发布的《长三角生态绿色一体化发展示范区生态环境质量报告（2022年）》显示，随着联保共治机制不断深化，示范区环境质量尤其是重点跨界水体水质持续稳定改善，太浦河跨省界断面水质连续3

年年均值达到Ⅱ类以上，淀山湖、元荡等重点跨界湖库已经提前达到 2025 年水质功能目标。

打破了"单打独斗"的局面，长三角真正奏响生态保护的"四手联弹"，一个更高颜值的绿色美丽长三角呼之欲出，而上海也在拥抱生态共赢。

第三章

协同——生态之城发展的准则

一、城市化带来的"城市病"及其应对

回看人类文明的发展历史，在农耕文明时期，具备各类生态要素合理配置的大河流域是人类赖以生存的主要区域。在这个时期，人与自然的关系主要是人的顺从和自然的恩赐。人类在农耕文明时代与自然的关系相对和谐，"敬畏自然，顺从自然"贯穿于人们的生产和生活中。但是到了工业文明时期，一切都变了。工业文明被称之为"'碳'能源驱动下的工业文明"。200多年来，人类构建的产业和城市生态系统在"碳"能源驱动下，依赖于自然资源利用和科学技术进步创造了巨大财富和经济社会发展的空前繁荣，生产关系和生态系统发生显著变化（表3-1）。从18世纪60年代第一次工业革命后，逐渐形成机械化大生产占据主导地位的社会文明形态。随着第二次工业革命、第三次工业革命的不断更替和推进，各种生产、生活要素在城市中高度集中，人口不断往城市迁移。随之而来的是史无前例的人与自然的冲突，而这种冲突都表现在城市中。如 1952 年英国伦敦的烟雾事件、1955 年美国洛杉矶的光化学烟雾事件，都发生在人口密集、高度发达的超大城市。

表 3-1　工业文明社会与农耕文明社会生态系统的区别

生态系统	农耕文明	工业文明
人为构造的生态系统	农田生态系统 林地生态系统 牧场生态系统 养殖生态系统	城市生态系统 产业生态系统 现代农业生态系统
碳能源驱动的生态系统	农耕文明的三大生态系统的初级生产力都是太阳能驱动，所有生物产品都来源于初级生产力，劳动力和畜力仅用来耕作和管理	产业生态系统的运行和城市生态系统的维持动力依赖于外来的能源，现代农业所使用的生产资料也有碳能源投入
资源集中配置的生态系统	人类将适合于农耕、放牧或养殖的自然区域里将自然生态系统改造成耕地、林地、牧场和湿地，只要有以上自然区域就能进行农业生产	产业和城市生态系统除了利用当地空间资源外，其他生产资料全部依赖于外部供给，包括生产原料、能源、劳动力。这些资源在产业和城市中高度集中和配置，是产业和城市生态系统赖以存在和发展的基础，对外依存度极高
人工调控的生态系统	三种生态系统不仅受人为调控，更多的是通过对生产地的各种生态要素的合理配置和适度调控以提高生产力	产业和城市生态系统受人为的精心调控，效率高。现代农业生态系统也被调控，人工设计、构建和干预温室、生产基质、光照、水分、肥料和病虫害控制，以经济利益最大化为目的，人工调控能力强

（续表）

生态系统	农耕文明	工业文明
寄生的生态系统	传统农业生产只依赖于所在地生态要素配置，具有自我维持机制，很少依赖于外部资源的供给和外部自然生态系统的生态服务功能	产业和城市生态系统缺乏自行维持能力；依赖于外部的原料和能源，或依赖于外部自然过程调节；废物排放对其他生态系统带来压力；工业生产品多由人工合成
人口高度密集的生态系统	生产依赖于耕地、牧场和湿地，生产力低下，供给能力有限，人口分布与耕地、牧场和湿地的自然分布及其各自生产能力相匹配	产业和城市生态系统需要许多劳动力，人口高度集中影响到政治、经济、文化、社会和生态环境各方面

城市化是社会发展的必然过程。城市化确实使人类为自身创造了方便、舒适的生活条件。但是，城市化过程中必然造成的自然生态绝对面积的减少并使之在很大区域内发生质变或消失，这种变化对城市居民起更为深层的作用。一组数据见证了我国城市的快速发展：1978年改革开放以来，我国经历了世界历史上规模最大、速度最快的城镇化进程，常住人口城镇化率从1978年的约18%上升到2022年末的65%。每年城镇新增人口2100万人，相当于欧洲一个中等收入国家的人口。但是，城市化"奇迹"也带来了许多生态与环境的问题，导致了很多"城市病"。

"城市病"实质上是生态问题。作为人类活动最集中的区域，城市运行需要消耗大量自然资源，向自然环境排放大量废弃物。越来越多的城市出现环境污染、交通拥堵、应急迟缓等突出问题，以及水污染、大气污染、土壤污染……无不威胁着人们的生产、生活。绝大多数生态环境问题，如环境污染、全球气候变化、生物多样性丧失等都与城市相关。

梁思成先生曾说过："城市是一门科学，它像人体一样有经络、脉搏、肌理，如果你不科学地对待它，它会生病的。"大城市、特大城市和城市群的社会—经济—自然系统，因其运转的复杂性和脆弱性，常常因为管理不善等原因，是人与自然最容易发生冲突的单元。比利时著名科学家普利高津（Prigogine）曾说过：城市就整体而言是一种耗散结构，它需要从外界输入各种各样食品、燃料和原材料，同时也不断地输出大量的"废物"。城市输出的"废物"是城市难以避免的污染源头。

2015 年 12 月，时隔 37 年后，中央再次召开城市工作会议。习近平总书记在会议上指出："要着力解决城市病等突出问题，不断提升城市环境质量、人民生活质量、城市竞争力，建设和谐宜居、富有活力、各具特色的现代化城市。"推动工业文明与生态文明良性互动、融合发展，是特大中心城市转型发展的基本方向。

西方发达国家的工业文明与城市化比我们早了近两百

年，对于城市化中的生态环境问题和"城市病"，他们发现得早，开始应对也早。现代城市发展历经了英国工业革命之后 200 多年的历史，同时也是"城市病"凸显并开始"治疗"的过程。在过去，针对钢筋混凝土高楼林立、千城一面、雾霾笼罩、污水横流的城市，通常采取一些"头痛医头、脚痛医脚"的单一策略。尽管这些努力解决了部分城市"病灶"，但并没有消除城市"病根"。面向未来，城市高质量发展，需要从根本上协同城市的生产、生活、生态空间，实现以人为本的城市化，即生产要生态，生活亦生产，生态保障宜居宜业。

以上海为例，上海市常住人口已达 2400 多万，这样规模的人口和城市非常依赖于长江流域、长江河口和海岸带强大的生态系统服务功能。如前文所述，上海面临着内部的生态与空间承载力的制约因素影响，又面临来自长江流域生态环境演变、长三角城市群一体化以及全球变化等的外部压力。多元的城市环境污染，成为城镇化后期城市治理的难题；如何有效地恢复城市自然生态系统，构建科学合理的城市生态安全格局，也成为城市治理的重点之一。

每个城市的国土空间具有包括土地、水、生物多样性、矿产资源和空间资源等自然属性，也具有经济、社会等属性，不同的空间尺度都存在人类与自然以及自然和自然之间的矛盾。自然过程主导的城市生态系统修复是一条低影响和近自然的修复路径和策略。对关键过程和关键因子的调整和修复才能有效修复生态系统应有的生态系统服务水平，建立健康的城市生态系统。

"全球城市"在城市建设和"城市病"应对上面几乎都经历了漫长的发展和适应过程。我们以纽约市、大伦敦地区（包括伦敦市）和东京都（包括东京市）为案例做回顾和分析。

（1）美国纽约市的案例

美国纽约市由布朗克斯区、曼哈顿区、皇后区、布鲁克林区和斯塔腾岛组成，总面积达 1214 平方公里，其中 425 平方公里为水域，789 平方公里为陆地，人口约 882.35 万人。2021 年，纽约市地区生产总值为 15983.9 亿美元，位居全球第一，人均地区生产总值为 18.12 万美元。在经历生态与资源环境消耗性增长后，纽约市开始关注社会、经济、环境协同发展，探寻可持续的城市发展模式已成为引领城市未来发展的主要方向。

根据纽约市的环境保护进程，20 世纪以来纽约的生态城市建设可以划分为如下四个阶段：

① 第二产业繁荣与水环境污染阶段（20 世纪 40 年代前）

经历工业革命后纽约的制造业繁荣发展，纽约成为美国一大制造中心。同时，该时期纽约市人口剧增，从 1890 年的 150 多万人，增长到 1930 年的 700 多万人。由于经济社会发展和人口的快速增长，带来了一系列的生态环境问题。垃圾、未经处理的污水和其他有害物质直接被倒入河流和海洋。为此纽约市出台了一系列的措施及法律法规来解决这一环境问题，例如，1881 年成立街道清洁局，后更名为卫生局；1886 年建造了第一座污水处理厂；1896 年出台法律禁止向纽约港倾倒垃圾；1906 年成立城市排水委员会，进行年度水质调查等。

② 城市扩张与大气污染阶段（20 世纪 40—70 年代）

第二次世界大战结束后，随着美国全国产业结构的调整以及传统工业部门的衰落，纽约市的制造业进入衰退期，许多工厂从中心城区迁出到郊区。此时，低密度的郊区在纽约大都市迅速蔓延，城市开始以"摊大饼"的方式扩张，郊区化导致了当时纽约严重的交通问题。同时，纽约市在这一期间曾发生多次严重的雾霾现象，特别是 20 世纪下半叶，数次严重的雾霾使纽约获得了"雾都"之名。为此，纽约市政府以环境治理为导向出台了控制大气污染的法律法规。例如，1966 年纽约市颁布了第一个空气控制法令，确定纽约市空气污染控制代码等。

③ 第三产业发展与生态城市建设阶段（20 世纪 70—90 年代）

纽约的制造业衰退、服务业开始兴起，产业布局的区域差异越来越大，生产服务业就业人数大量增加。由于制造业的衰退、服务业的兴起，纽约市的环境污染问题得到了缓解。该时期的纽约开始逐渐重视生态环境质量。但由于纽约郊区化，使得森林、农田和湿地生态系统受到影响，野生生物栖息地受到侵占和自然环境遭到破坏，因此，纽约市政府出台了一系列以改善生态环境质量为导向的政策法规。例如，1972年制定了《清洁水法案》，授权州政府负责设定水质标准和行政许可目标。在90年代，《清洁空气法》修订案颁布，要求企业对释放到空气中的污染物测量数量，并有计划地控制和减少排污。

④ 人口快速增长与弹性城市发展阶段（21世纪以来至今）

进入21世纪以来，纽约市人口数量快速增加。而人口的激增将提升对城市公园与生态活动空间的需求，同时也将加大交通压力。该时期，纽约市开始进入弹性城市的发展阶段，标志性文件为颁布于2007年的《更绿色、更美好的纽约》。2013年发布了《更加强壮、更富弹性的纽约》标志着弹性城市建设全面开展。该文深入分析了在桑迪飓风袭击期间纽约的社区、建筑、基础设施和海岸线所遭受的影响，并依此经验提出了应对未来气候变化的弹性城市建设项目风险评价体系。2015年，纽约发布了新的弹性建设计划《一个纽约——一个强壮、适宜的城市》，该计划包括五个主要领域：土地利用政策、更新气候项目、强化社区功能、升级联邦议程。在弹性城市阶段，纽约政府的环境政策以环境可持续发展和居民健康为导向。

纽约开放的公共生态空间也在发生变化。据黄迎春等（2017）关于纽约市的土地利用结构从 20 世纪 80 年代至 2014 年的变化情况的研究显示，随着城市发展的进程，初始时期的土地利用变化幅度较大，尤其是住宅用地和公共设施用地比例迅速增加，开敞空间用地比例降低。随着可持续发展理念的推进，纽约市开始重视土地利用的集约性，同时更注重居民的生活质量，开敞空间用地比例提高，2014 年纽约开敞空间用地比例为 27%，人均开敞空间面积为 20 平方米 / 人，更多的曾经被开发的土地退回生态用地。

以湿地为例，纽约建立了城市湿地保护的政策制度体系。纽约在其工业化和城市化时期也存在湿地资源被大量开发侵占的问题。自 20 世纪 70 年代以来，随着湿地的生态效应与功能逐渐被社会所接受，纽约市开始加大湿地保护方面的投入，形成了一套完善的湿地保护体系，积累了丰富的保护经验。

对重点湿地、普通湿地分级管理。纽约每年都有各种公共项目推动城市重点湿地的保护或修复。为了防止大型湿地和城市建设相冲突，纽约市制定了详细的水滨区域复兴项目规划，并在项目中设立了三处大型水滨自然保护区，这些区域在纽约市城市规划上是专门的湿地生态区，享有更严格的保护标准。除了纽约市自身的湿地保护规划以外，纽约还通过加入美国国家的海湾恢复治理项目，进一步对重要沿海湿地进行生态修复。纽约市政府与州政府和联邦政府一同合作的 Hudson-Raritan 河口湾生态项目是一个跨区域的大型湿地生态恢复项目，这其中就涉及很多纽约市的湿地生态系统。

在普通湿地的管理方面，纽约市兼顾保护成本和管理成效，主要有三种管理模式：一是将湿地保护与生态休闲服务相结合。主要是针对与河流、湖泊、林地和草地等生态系统相连且比较零散的湿地。这部分工作大多由公共娱乐部承担，将湿地及其周边的其他自然生态系统一同纳入城市公园的建设与管理。二是将湿地管理与城市暴风雨防护带纳入建设运营中。这部分工作主要由环境保护部负责，主要是针对城市边缘的中小型湿地。因为这部分湿地往往对城市暴风雨防护有着重要的作用，将其纳入城市防护带的管理中既有利于分担湿地保护的成本，又能够加强城市的生态安全。三是实施湿地的保护性开发。对于无法纳入以上两种体系的小型湿地，如果具有较好的经济开发价值，往往会采用协议租借的方式，由私人承担保护和恢复湿地的相关义务，同时私人可以获得湿地周边区域的开发使用权作为回报。

依托湿地地图建立湿地数据库。纽约市从 1970 年开始着手建立城市湿地地图，以记录受保护的湿地信息。湿地地图在纽约市湿地保护中发挥着极其重要的作用。一方面它对受保护的湿地做了一个清晰的范围界定，只有记录在湿地地图内的部分才受到相关法律保护；另一方面，湿地地图提供了城市湿地的数据库，有利于了解湿地变化的动态趋势。

纽约市采取了一系列办法以解决资金不足的问题。首先，积极将湿地保护纳入国家项目中。例如，将 Hudson-Raritan 河口湾生态恢复项目纳入国家项目中，这样联邦政府和州政府都将给予项目大量的财政支持。另外将湿地保护融入多目、全区域的生态修复体系中，有效形成了规模效应，分摊湿地保护的成本开销。例如，海湾疏浚产生的泥土就为周边的生态恢复提供大量建设材料。其次，通过整体规划的方式进行区域内互相补偿。例如，水滨区域复兴计划将纽约市水滨地区根据功能和性质规划成不同区域，商业区和工业区的收入可以为湿地保护区提供有力的资金支持。再次，纽约市改变现有的湿地迁移制度和补偿制度。纽约市原先并没有自己的湿地银行也不接受区域外的湿地转移，但为了弥补 Hudson-Raritan 河口湾生态恢复项目资金缺口的需要，纽约市开始在 Jamaica 海湾等重要的大型湿地生态区建立湿地银行，将附近区域的湿地损失统一进行补偿，以市场化的手段吸收资金，减轻重点湿地恢复与保护带来的经济压力。最后，纽约市还积极调动相关的非政府组织（NGO）、利益相关方和公众加入到湿地保护中来，纽约市几乎所有的湿地保护项目都会对志愿者开放，让普通公民参与到湿地的管理和维护中。

（2）英国大伦敦地区的案例

英国大伦敦地区的土地面积约为 1577 平方公里。英国国家统计局 2023 年 4 月的最新数据显示，2021 年，大伦敦地区常住人口约 879.7 万人，地区生产总值约 7244 亿美元，人均 GDP 约 82347 美元。伦敦的生态城市建设可谓为全球的典范，从 20 世纪 50 年代全世界著名的"雾都"，通过生态治理的手段，成为现在自然生态环境优美的全球城市，其成功经验值得上海和国内其他超大城市借鉴。

① 生态环境问题爆发与治理开端（20 世纪 50 年代）

伦敦是工业革命的发源地，工业文明非常发达。20 世纪 50 年代期间，伦敦的工业以煤为主要动力，当时市区的工厂烟囱耸立，居民使用燃煤取暖，整个城市被烟雾所笼罩，是世界闻名的"雾都"。二战结束后，伦敦的人口数量猛增，超过 800 万人，进一步增加了能源消耗。当时只注重工业的发展，并未关注城市生态保护和环境治理，城市人居环境质量严重下降。"伦敦烟雾事件"是 20 世纪 50 年代轰动全球的主要环境公害事件，伦敦政府因此开始构建环境法律体系以及对环境污染进行末端治理。

② 产业结构调整和能源转型（20 世纪 70 年代）

经历了以烟雾事件为代表的城市自然环境灾害后，伦敦开始从重化工阶段向后工业化阶段转型，加快了服务业的发展。随着制造业企业外迁，伦敦人口 1981 年降至 660 万人。这一时期的主要环境问题仍是制造业带来的环境污染。生态环境战略的方向转移到污染源头治理，调整产业结构、能源结构和人口布局。

③ 生态城市标准完善和智慧城市化（20 世纪 90 年代至今）

在这一时期的伦敦制造业比重大幅下降，服务业开始兴起，伦敦的环境重污染问题得到极大改善。政府开始重视居民的生活环境质量，完善环境法规体系、环境监测机制、环境评估机制和环境规划机制等，生态城市的建设标准也在此时期不断完善。21 世纪以来，伦敦设立了大伦敦管理局，主要负责规划管理、环境保护、经济发展等。2011 年，大伦敦管理局修订了第三版《大伦敦地区空间发展战略规划》，从伦敦的居民、交通、位置、经济、气候变化以及生态空间 6 个方面展开，并在整个规划中都体现人与自然、环境和谐相处的思想，明确把低碳经济、气候变化、减排计划、能源消费等作为规划的核心。随后于 2016 年、2021年更新至第四版和第五版。2007 年发布了《气候变化行动计划》等低碳战略，提出了包括绿色家园、能耗效率、商业模式和智慧交通等在内的更为细致的减碳举措和目标，应对气候变化成为伦敦城市建设的重要任务之一。智慧化城市生态环境管理和绿色城市成为伦敦市未来发展的主要方向。在增强抗风险能力方面，综合规划、设计和管控绿色基础设施，重点保护伦敦绿带和大都市开放空间，并确保建筑和各类基础设施的设计适应气候变化。

伦敦城市生态空间得到了保障。早期伦敦的人口不断增长，土地需求与供给矛盾大，尤其是住宅用地和公共设施用地比例迅速增加，开敞生态空间用地比例降低。随着生态建设的推进，伦敦政府合理利用土地政策，例如，英国议会通过的《绿带法》，使得城市的生态空间不断增加。按照《绿带法》的要求，伦敦的三环建设成为直径 16 公里的绿带环，这一绿带环形成了目前的都市绿色廊道。生态用地布局的优化极大地改善了伦敦的生态环境。

（3）日本东京都的案例

东京是亚洲最重要的世界级城市。东京都（东京都市圈）占地面积约为 2155 平方公里，2021 年，大东京城市圈总人口约 3832 万人，东京市区人口数约 1350 万人，GDP 达到 10296 亿美元，仅次于纽约市，成为全世界仅有的 2 个 GDP 总量破万亿美元的城市。东京作为全球城市经历过从环境污染到生态治理的整个过程，其生态城市建设尤其是低碳城市建设的经验亦可为上海提供参考与借鉴。东京生态城市的建设历程大致可分为四个阶段：

① 工业环境污染防治（20 世纪 50—80 年代）

20 世纪 50 年代，随着东京工业的迅速发展，污染物的排放量日趋增长，城市居民受到大气、水体、土壤、噪声等污染的困扰。日本政府先后出台了《公共水域水质保全法》《工厂排污规制法》《煤烟控制法》《公害对策基本法》等法律法规，形成完善的环境法律体系，为治理环境问题打下了坚实的法律基础。60 年代末，东京结合自身的发展需要，制定了《东京都公害控制条例》，加强了对污染排放总量的控制。70 年代，东京都成立了专门处理城市公害事件与公害控制问题的行政机构——公害局，为治理其环境问题发挥了基础性的作用。

② 生态环境保护与经济社会发展协同（20 世纪 80 年代后）

20 世纪 80 年代，日本在完成工业化和城市化的基础上，步入后工业化时代。在新的社会经济发展阶段，日本的生态环境保护工作也由以治为主转入以防为主的阶段。东京不断积累环境治理的经验，提高市民的环保意识，从单一注重经济建设，转变为环境保护与经济发展并重。在经济发展过程中，重视环境污染的源头预防与末端治理，制定了《东京都环境影响评价条例》及《东京都环境基本规划》等政策法规，促进环境保护与经济社会发展协调统一。20世纪90年代，东京都政府开始重视生态环境的可持续发展，制定了《东京绿地规划》等以可持续发展为优先目标的多项规划，鼓励企业加强技术创新，依托法律和技术手段实现可持续发展。

③ 建设低碳绿色和公园城市（21世纪以来至今）

东京的低碳化政策和举措推行较早，例如通过完善和发达的公共交通体系，促进交通低碳发展。2006年东京都政府颁布了"十年东京"计划，提出具体的减排目标，即2020年碳排放在2000年基础上进一步减少25%，拉开了建设低碳城市的序幕，东京都政府开始采取节能限车、严格控制尾气排放等措施；2007年6月，《东京都气候变化战略》出台，该战略制定了详细的中长期战略规划，其中一大举措就是大力推进低碳城市建设。东京城市生态环境治理的基本经验在于建立综合型的环境管理体制，重视生态文明制度执行、评价与监督，制定新东京都环境计划和绿地规划，鼓励企业、社会组织、公众积极参与，重视源头治理与末端环保技术相结合，加强城市绿化建设。2016年，东京发布了新的《东京公园管理规划》，充分展现城市魅力的公园、支撑高度防灾的公园、可持续发展的公园、具备地区多元生活核心的公园。

二、工业化后期生态环境治理的关键

早在 1985 年，钱学森先生就提出城市是一个复杂的巨系统，要用系统科学的观念与综合集成的方法来研究城市。随着我国已进入城镇化中后期，人口、资源等生产要素的聚集效应逐步放大，城市群在整个国家发展中的权重日益增强。国际经验也表明，与高速城市化进程相伴生的城乡分割、公共卫生、环境污染、交通拥堵、生物与生态安全等问题凸显，这些已成为制约城市进一步发展的"瓶颈"。从城市形成、发展到城市化后期，人与自然冲突的主要区域将逐步向城市这一自然单元转移，城市风险逐步增加，并充满不确定性。

每个人心中都有自己的理想之城。2015 年的中央城市工作会议上，习近平总书记强调，城市工作是一个系统工程，并指出："要完善城市治理体系，提高城市治理能力，着力解决城市病等突出问题。"对于一个国家而言，理想的城市，在于用什么样的理念去经营。从城市观察中国未来，把握新的趋势与格局，应对新的挑战与威胁，迎接新的现代化城市治理，中国需要新的战略与政策。

（1）城市工业化后期的生态环境治理面临新形势

在城市化的前期和中期，城市风险相对较少。工业化、人口大规模和高密度聚集形成的大城市和城市群使得自然灾害风险更高。

城市安全的复杂性和系统性对当前城市安全发展和风险治理能力提出了更高要求。日益多样化、动态化、复杂化的城市治理问题逐渐超出了传统城市治理体系和治理能力的阈值。全球化和信息化也给城市治理方式带来了创新的要求。城市超过自身承载力的发展，必然带来一系列的水、地、空气、能源、环境、生态问题。解决不好这些问题，不仅无法建立一个宜居城市，而且人民安全受到威胁，生活质量受到影响。

处于不同地理区域、城市等级、城市化阶段的城市，其表现出来的生态安全和生物安全问题是不同的。极端天气气候事件频发，进一步凸显了我国城市安全和治理体系的重要性，生态环境保护、生物安全和健康文明的生活方式，同样是城市治理的重要内容。近年来，城市PM2.5治理、污水处理、安全饮用水、垃圾处理等生态治理的成效，为有效化解生态环境问题发挥了重要的安全保障作用，但新问题也开始凸显。例如，生态环境部监测数据表明，2022年以来，长三角区域的臭氧已取代PM2.5成为大气首要污染物。

（2）城市生态与环境治理的关键和难点

产业发展和人口聚集带来的多元环境污染，成为城镇化后期城市治理的难题。长期以来我国城市发展把经济建设放在首位,忽略了生态环境保护。大多数城市水体污染、固体废物污染、面源污染到了必须重视的程度。城市群和区域间污染物传输依然严重、区域连片污染并未显著缓解、细颗粒物冬季污染问题突出。特大城市交通污染正在成为主要污染源。城市水安全问题突出。统计资料显示,我国660多座城市中,约2/3的地下水遭到污染,有接近200座严重缺水,流经城市的河流中有95%以上受到局域严重污染。此外,城市环境的表层问题易改善,但土壤等深层次问题更难以解决。城镇化和工业化进程中,任何污染都可能影响到土壤,土壤修复起步晚、治理难度最大,对其有效防治更加迫切。在城市水、气、土立体式污染的现状下,需要"水体—土壤—大气—生物"的统筹治理。

城市作为特殊的人工生态系统,非常依赖于自然生态系统服务功能。在我国城镇化前期,城镇扩张"摊大饼"现象普遍,忽视了区域生态承载力对城镇的支撑作用。过度和无序开发资源,蚕食城市生态空间,生物多样性下降,城市生态调节功能不断降低。全国所有大城市"热岛效应"不断增强。研究发现,北京、上海、重庆等重点城市的"高温区"范围都在增加。城市内涝灾害频发,根据水利部的数据,2010年至2016年,我国平均每年有超过180座城市进水受淹或发生内涝。如何有效地恢复城市自然生态系统,构建科学合理的城市生态安全格局,成为城市治理的难点之一。

城市普遍具有人口密集、流动性强的特点，生物安全领域的风险尤为突出。生物安全威胁具有高危害性，直接影响民众健康、经济运行和社会稳定，是现代城市治理的全新挑战。城市脆弱性较高，普遍缺乏抵抗生物安全威胁的能力。现代城市面临的生物安全威胁，涵盖突发传染病疫情、生物入侵等，并呈现传播快、隐蔽性强等特点。对北京城区外来植物物种的调查一项研究显示，北京城区外来植物物种占比高达52.7%，其中64%的境外物种来自美洲和亚洲。外来物种影响了土著野生动植物种类和种群数量。生物安全事件防控难度高，在推进城市治理体系和治理能力现代化建设进程中，生物安全治理也是检验现代城市治理水平的重要指标。

三、绿色城市与绿色产业协同

城市是绿色增长和气候行动的前沿阵地。绿色城市的内涵可以概括为兼具繁荣的绿色产业、绿色消费和绿色的人居环境特征的城市发展形态和模式。城市发展无论处于哪一个水平阶段，都与一定的城市产业结构相对应。在城市的绿色发展中，产业结构是一个至关重要的影响因素。发展绿色产业是生态文明建设以及实现双碳目标的重要路径之一,是城市全面绿色转型的产业基础和核心动力。推进绿色化与城镇化建设在目的上是一致的。

我们都知道,城市是人口与产业高度集聚的空间。其中,现代产业是城市发展的核心动力,产业的发展和布局演变改变着城市的空间结构,并不断推动城市的功能升级与城市规模的发展壮大。绿色产业给城市的经济转型赋予了新的动能,并成为城市社会、文化、生态绿色转型的重要引擎。

人们对于绿色产业的认识,经历了一个逐步深化的发展过程。早期的绿色产业被认为是资源利用效率最大化、环境污染少、实现经济效益最大化的产业模式。与传统产业相比,绿色产业被赋予生态意义,更加强调可持续发展导向。不同的产业形态在城市生产、生活、生态空间(即"三生空间")的分布以及功能组合也不尽相同,绿色产业的宗旨在于城市社会经济系统与自然生态系统的耦合协同发展。

一些学者尝试构建城市绿色产业体系,能够给我们一些启示。城市绿色产业需要结合城市"三生空间"功能的划分,突破传统的第一、第二、第三产业分类方法,分为生产性服务业、生活性服务业、物质产业和生态产业(表3-2)(颜培霞和于宙,2019),从而协调社会经济系统和自然生态系统的关系,并辨识哪些是绿色产业以及不同产业的绿色发展方向。但无论我们如何认识绿色产业，现在城市产业之间的边界越来越模糊。城市产业结构要与其资源结构相适应，充分发挥城市的资源优势，重点生产优势产品，还含有一个内在命题，那就是市场因素。

表 3-2　与空间功能相应的城市绿色产业的主要内容

空间功能	一类产业	二类产业	绿色发展方向
生产空间	物质产业	农业生产	绿色农业、现代农业
		工业生产	绿色制造业
	生产性服务业	研发创意类产业	研发设计、科学技术、工业设计等
		物流营销类产业	绿色物流、绿色营销等
		生产性服务类产业	绿色金融、保险、广告、咨询等
生活空间	生活性服务业	物质生活类产业	绿色餐饮、现代商贸等
		精神生活类产业	美学、文化教育、广播电视等
		公共服务类产业	基础设施建设等
生态空间	生态产业	旅游业	绿色观光、康养、会展旅游等
		环保产业	环境治理、资源保护等
		资源节约产业	垃圾回收、资源循环利用等

城市产业结构调整的重要方向就是促进经济增长和资源生态环境保护的双赢性。调整的主要内容包括：产业结构与生态要素的协调、城市产业结构与区域产业结构的优化、产业结构内部的绿色关联、产业结构的绿色演变能力等。其含义主要有三方面。其一，产业结构在经济上应该是有

效与合理的，既遵循产业结构演变的一般规律，又符合城市特点和国家经济大势。其二，产业结构及其演变方向符合城市绿色发展的原则要求。城市的产业结构与资源结构应该相互适应，能够充分发挥城市的资源优势。其三，城市产业结构内部之间也需要绿色关联。从绿色发展的角度对城市产业之间关系做进一步的观察，可以发现产业之间的另一方面的关联度，即绿色产业关联度。如污染排放产业与污染治理或环保产业，资源密集产业与资源供应产业，能源消耗产业与能源再生产产业等所表现出来的产业关联。显然，绿色产业关联度高，城市的绿色发展能力就强，绿色发展水平也相应地上升。

推动城市绿色产业发展、绿色产业体系构建，实现城市的绿色化、生态化和低碳化发展，是一个相对动态的过程。绿色城市和绿色产业的协同需要从微观、中观和宏观不同层面同步推进，从分类型推进产业的绿色化进程，到绿色产业园区的建设，再到绿色城市创新驱动，加快城市产业空间的功能转型，最终实现城市经济的质量变革、效率变革和动力变革。

从国际上超大城市的绿色产业发展经验看，美国纽约是其中一个案例。它通过加快城市产业转型与绿色发展，成为世界城市生态城市建设的典范。近20年来，纽约的制造业和建筑业从业人数比例逐渐缩小，第三产业从业人数比例显著增加，主要以金融业和服务业为主，这为其打造生态城市奠定了良好的环境基础。英国大伦敦地区为了解决后工业化阶段制造业带来的环境污染问题，其生态环境战略方向转移到污染源头治理、调整产业结构和能源结构。近20年来，大伦敦重视发展生态环保产业，第三产业比重进一步显著增加，发达的第三产业为其打造生态城市奠定了良好的外部环境基础。

很多国家都把建设绿色城市作为公共政策来推动和引导大城市发展，并积累了诸多成功经验，值得我们学习和借鉴。其中一个共同特征就是创新制度和政策设计，健全绿色政策法规支持体系，促进生产和消费结构绿色化。国际上的做法是，绿色城市建设必须依托城市产业结构的演进升级，纽约城市的转型轨迹主要是通过产业的转型来实现城市经济、社会、文化等全面转型。另外，发展绿色科技，建立富有竞争力的绿色科技创新体系。建设绿色城市离不开绿色科技的支撑。以住房建设领域的绿色科技为例，无论在其研发领域还是在应用领域，发达国家都占据领先地位。

超大城市实现中国式现代化绿色增长的关键是能源结构、产业结构、交通结构、建设用地结构四方面的绿色化转型。上海要实现绿色增长，至少要实现从褐色增长到绿色增长的四个领域的转型。在这个目标下，需要率先实现四个脱钩,也就是:能源转型是能源消耗与碳排放的化石能源脱钩,产业结构转型是生产消费与垃圾增长的线性经济脱钩,交通结构转型是交通运输发展与汽车碳排放总量增加的脱钩,建设用地结构转型是城市发展与功能单一的用地扩张脱钩。生态绿色和可持续发展将始终贯穿未来城市发展方向,未来城市建设对"绿色"有着越来越高的要求,构筑城市全域绿色也越来越成为增强城市竞争力的重要方面。

换句话说,上海要实现绿色城市和绿色产业协同发展,突破点在于产业结构调整、污染规模控制、生态与低碳化创新、用地空间布局优化。目前,上海已制定了相应的举措,通过结构优化与功能提升、环境治理与生态建设双驱、生态安全与人类福祉兼顾、空间与生态要素管控结合的路径推进,生态之城的未来可期。

第四章

产业绿色转型与城市韧性治理

一、上海如何成为引领城市韧性可持续发展的标杆

2019 年 11 月，习近平总书记在上海考察时强调，无论是城市规划还是城市建设，无论是新城区建设还是老城区改造，都要坚持以人民为中心，聚焦人民群众的需求，合理安排生产、生活、生态空间，走内涵式、集约型、绿色化的高质量发展路子，努力创造宜业、宜居、宜乐、宜游的良好环境，让人民有更多获得感，为人民创造更加幸福的美好生活。这为上海打造韧性城市明确了价值观和方法论。

上海城市空间治理历程，始终都坚持以人民为中心，不断提升绿化品质。在新时代，上海处于城市转型的战略机遇期和关键攻坚期，不仅需要更加完善的生态体系，更加复合的生态功能，还需要更加韧性的建设标准和管理机制。面对全球气候变化和环境资源约束带来的发展瓶颈，上海

提出在 2035 年建设成为拥有更具适应能力和韧性的生态城市，并通过空间领域和基础设施方面的示范，成为引领国际超大城市绿色、低碳、可持续发展的标杆，迈向卓越的全球城市。

上海韧性城市建设的挑战主要在于处理三个关系。

一是城市发展和生态环境承载力的匹配关系。如前所述，上海城市与人口规模的持续扩张，导致城市部分地区污染物排放局部超载，造成地表水富营养化、农业面源污染等问题难以彻底解决；同时也使得河湖湿地、农田、滨海湿地等生态空间不断受到挤压、蚕食，生态功能退化，城市热岛和声光污染等城市生态问题日趋严重，城市生态系统健康面临威胁。

二是城市生态安全、生物安全以及人与自然关系。超大城市的脆弱性较高，普遍缺乏抵抗生物安全威胁的能力。生物安全风险的监测预警、诊断防治、救援处置等需要大量先进技术作为支撑，还需优化城市生物安全的应急能力，增加城市"韧性"。生态之城建设最重要的应该是生态安全和生物安全，以及缓解人与自然的冲突。

三是城市管理与生态文明制度体系构建完善的关系。与纽约、伦敦和东京等世界城市生态建设的制度体系相比，目前，上海的环境生态保护在宏观决策体系中的全过程参与程度不足，存在解决环境问题的规划相容性矛盾，环境法规体系仍需完善。2019 年以来，上海环境司法执法力度明显增强，但仍需优化环境责任机制，进一步健全资源环境市场机制。

与此同时，在我国生态文明建设全面深入推进、长江大保护、长三角生态绿色一体化、公园城市建设的背景下，上海也迎来生态城市建设的机遇。

上海经济发展阶段已步入后工业化时期，为上海可持续发展转型打下良好基础。借鉴纽约、伦敦、巴黎和东京等世界城市发展的历程和经验，上海在突破资源、能源、环境约束，产业体系逐步走上了科技创新、要素集约、结构优化、协调发展的道路，并将进一步加快创新驱动、高端提升的高质量发展道路，进一步促进资源能源节约，实现产业集约高效发展。

我国提出"双碳目标"具有深远意义。为实现"2060 碳中和"目标，上海需要率先探索经济绿色复苏，推动能源低碳全面转型。上海在城市气候治理方面无论是碳达峰或碳中和都有必要探索创新的环境效益多维价值转化路径。

站在新的历史时期，全球城市的发展均已迈入了新的阶段。纽约提出建设韧性城市的理念，大伦敦提出建设智慧化城市和环境保护制度法规体系，东京都提出建设新的可持续发展的城市以及政府绩效评估系统，这些发展计划体现了全球超大城市的发展趋势，也为上海生态化转型发展提供了参考。在中国式现代化建设背景下，"上海2035"的目标正是建设卓越的全球城市，上海需要以此为契机推动超大城市现代化在人与自然和谐共生方面的能力提升。

要探索在2035年建设成为拥有更具适应能力和韧性的生态城市，我们认为，上海要从区域发展联动、经济发展转型、科技创新驱动、生态保护优先、生活方式改变、体制机制改革等多方发力（图4-1），并通过空间领域和基础设施方面的示范，成为引领国际超大城市绿色、低碳、可持续发展的标杆。

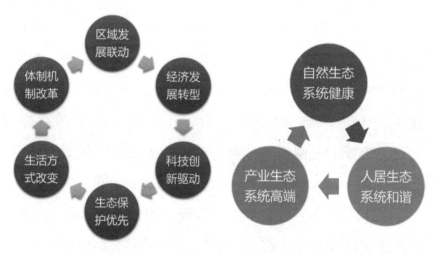

图 4-1 上海实现超大城市韧性可持续发展的理念框架和标准

一方面，需要增强城市（群）生态功能，统筹城市和区域生态保护与恢复工程。强化城镇生态安全意识和要求，严格控制城镇无序扩张规模，提高城镇化土地利用与资源利用的效率。在城市群发展规划中，体现生态优先原则，优先确定生态用地和绿地供给、再规划城市建设用地。根据区域生态环境承载力，确定城市发展规模、发展方向和空间结构。推动绿色建筑和生态社区建设，建立节约资源、利用可再生资源和循环利用资源的机制和政策。

另一方面，需要完善城市生态环境治理体系，强化环境监测，建立城市（群）环境数据化管理系统。在污染物输送的主要路径加密监测站点，统一监测方法，摸清污染物在区域性传输过程中的空间分布规律；增加监测指标数量，将细颗粒物、臭氧、一氧化碳、挥发性有机物及其他新增污染物纳入监测范围，开展全指标监测，建立大气污染物排放基础数据库。加强城市群生态环境污染无缝式、精准化预警应急与监测监督。充分利用大数据、互联网+、云计算、卫星遥感等现代科技手段，开展跨区域大气、水体、土壤污染等的监测监督，强化环境污染的现场执法、监察稽查、纠纷调处、排污费征收。

此外，还需要通过智能化治理，优化城市生物安全的应急规划管理能力，增加城市群的"韧性"。结合城市自然条件、地理区位、人口与产业特征等，定期开展城市综合风险评估，识别城市在应对自然灾害、公共卫生事件、事故灾害等方面的软硬件短板。将气候行动计划和减灾风险战略进行整合，以保护生物多样性并实现城市弹性和可持续性。

二、能源转型与"三碳"创新

"十四五"时期，我国城市发展进入了以降碳为重点战略方向的生态文明建设新阶段。习近平总书记在党的二十大报告中指出："推动经济社会发展，绿色化、低碳化是实现高质量发展的关键环节。"还曾多次指出："我们要倡导绿色、低碳、循环、可持续的生产生活方式。"建设人与自然和谐共生的城市现代化，必须以"双碳"为目标统领，推动经济社会发展全面绿色转型。无论在不同区域、不同行业，碳达峰碳中和是一场广泛而深刻的经济社会系统性变革，促进绿色低碳发展转型是其核心目标和任务。

超大城市作为人类生产与生活的高度聚集地，是经济与社会发展的主要推动力量，同时也是全球气候变化影响的高敏感区域。一些极端天气气候事件对城市系统正常运转提出了挑战，能源供给基础设施易受到极端天气事件的影响，气候变化同时将影响城市居民的健康，增加社会弱势群体（如长期受基础疾病困扰的人群、低收入者、老人、儿童等）的健康脆弱性。例如，2015 年 7 月 1 日，巴黎气温飙升至 39.7 摄氏度，是 1947 年以来 7 月最热的一天。受高温影响，法国当日发生多起停电和火灾，其中西部地区凌晨时分大约 100 万人遭遇停电，布列塔尼当天上午又有 10 万户人家被断电。2020 年，美国加州遭遇酷热天气，局部地区高温近 50 摄氏度，美国国家气象局记录了一系列创纪录高温。破纪录的高温天气不仅为山火增加了燃料，也给电力系统造成了压力，这些在一定程度上暴露了低碳城市与社会的气候脆弱性及新兴风险引发的能源安全问题。

几乎所有的大城市都是以电力等能源为主要驱动源的"生产—生活—生态系统"。韧性城市是目前全球气候变化背景下城市发展的新模式。国际上一些城市根据自身特色，针对不同的气候风险，从不同的适应目标和重点领域方面设计了包括能源安全等在内的韧性城市的规划与建设方案，目的是更好地应对洪涝灾害以及极寒与高温天气等问题以及这些极端气候事件对城市及民众带来的冲击（如极端天气气候事件下的城市能源安全问题等）。因此，形成韧性城市规划、韧性城市成本 / 效益，可以指导城市韧性建设，让城市更好迎战未来可能发生的不确定事件，使城市更宜居、更健康、更具创造力。

早在上海世博会筹备初期，主办方就明确将"低碳世博"作为一项系统工程体现在上海世博会园区选址、场地规划、运营管理到后续利用等全过程，并以此作为城市绿色低碳转型的重要机遇。2012 年，上海被国家发改委列为第二批低碳试点省市，统筹谋划低碳发展。

　　放眼全球，上海是为数不多的"成长型""生产型"超大城市。2018年，上海出台《全力打响"上海制造"品牌　加快迈向全球卓越制造基地三年行动计划（2018—2020年）》，吹响了重振"上海制造"集结号。2022年，上海的一、二、三次产业结构比例为0.22∶25.66∶74.12，第二产业仍然占据了不低的比例。"十三五"末，上海万元GDP能耗约0.3吨标准煤，高于同期北京、广州和深圳的这一数据。2022年，《上海市产业绿色发展"十四五"规划》提出重点领域和主要任务，应对气候变化，实施工业碳达峰行动。绿色低碳领域的技术布局逐步覆盖了三大部分，即减量、替代和捕捉。

　　能源结构和供给是城市安全运行与发展的关键，降碳减煤路径需要考虑到城市在碳中和进程中的适应过程与适应成本。上海电力供应存在着外来电带来的调峰压力等能源供给的薄弱环节。目前，全市煤炭消费总量占一次能源比重超过30%，尽管这已经远低于全国平均水平，但与深圳等一线城市相比仍有较大的差距。在能源转型、绿色低碳发展的大趋势下，与其他能源品种相比，煤炭能源的转型升级任务可能要更加艰巨，发展也将更具挑战。

　　天然气是化石能源中清洁度最高、品质最优的能源。因此，城市能源转型过程中，推进能源清洁化，可将天然气作为支撑城市绿色低碳转型的主体能源。在上海对接长三角合作方面，天然气是最有合作基础也是最有合作诉求的能源领域。目前在长三角能源结构中，煤炭和成品油依然是能源消费的主体，长三角的绿色低碳转型在很大程度上体现在煤炭、成品油的清洁化替代上，具体聚焦在长三角工业企业的煤锅炉改造、自备电厂改造、燃煤机组替代和交通燃料替代。所以，上海的绿色清洁、低碳高效的能源消费体系还需完善，特别是天然气产供储销体系需要进一步完善，而且需要加强长三角城市群的区域合作。

鉴于可再生能源的脆弱性，在未来绿色能源结构中，传统能源在韧性体系中的平衡作用不容忽视。受到资源约束，上海本地可再生能源的发展空间相对有限，可再生能源面临资源不足等发展瓶颈，例如，光伏发电、海上风电、低碳创新示范等，要实现碳达峰、碳中和，可以更多地推动外购绿电。

近年来，绿色建筑越来越受到人们的关注。绿色建筑和建筑节能是推进城市能源转型和建筑产业低碳型转变的重要举措之一。建筑行业作为碳排放量占比最大的产业之一，尽管目前我国城市绿色建筑在发展过程中面临着推广困难，但对建筑行业进行减排势在必行。《中国建筑能耗研究报告（2020）》显示，全国建筑全生命期碳排放总量占全国碳排放的比重达到 51.3%，建筑业减碳已成为政策关注的重点。推广绿色建筑是在城市运行过程中促进减碳的有效方式，除此之外，上海五大新城的意义更在于，将打造混合型的空间布局，包括生产、消费、居住等功能，改变过去传统的郊区发展依附于中心城区的模式，能有效促进"职住平衡"，这将有利于促进城市运行的低碳化。

在美国，建筑物是其温室气体排放最严重的地方之一。纽约是美国首个强制建筑改造来深化城市减排，第一个承诺从化石燃料中剥离养老基金的主要城市或州，也是全球第一个对建筑物提出减排要求的城市。2018 年，纽约市政府发布了 2018 年版《纽约城市规划》，对于可持续发展城市的建设，在节能低碳方面，已经减少了每年温室气体排放的 15%。纽约的建筑物排放量约占该市总碳排放量的近70%，于是其 2019 年通过了一项新法律命令《第 97 号地方法》，目的就是要大幅削减建筑碳排放，要求面积超过 2.5万平方英尺的建筑物在 2030 年前减排 40%。

综上，上海要实现能源结构转型和减碳降碳的"三碳"（低碳、零碳、负碳）创新，需要多个领域的合作和科技创新。上海加速实现中国式现代化的双碳目标并不是单一地减少能源消耗，而是要变换跑道实现能源消费转型，通过从化石能源到可再生能源的系统变革，实现能源消耗与温室气体排放的脱钩。"三碳"创新是率先实现双碳目标的一个路径，即提高传统能源使用效率的低碳创新，能源替代的零碳创新，以及碳汇碳封存碳捕捉的负碳创新。在能源供给创新方面，组团式、去中心化的城市空间结构和能源供给格局，将有望在一定程度上提升超大城市的韧性程度。

三、绿色金融促进绿色转型

生态优势转化为经济发展优势不是天上掉下来的馅饼，而是要在资本市场、金融体制机制等方面做一些设计。2016年，我国发布《关于构建绿色金融体系的指导意见》，使得我国成为世界上首个建立绿色金融政策框架体系的经济体，形成了以绿色信贷指引为核心、以绿色信贷统计制度考核评价机制为重要基石，相对完备的绿色信贷框架体系。绿色金融体系从提供绿色金融产品、设计和实施绿色投资为绿色发展提供资金支持和财力保障，成为城市经济转型升级、调结构、促增长的重要方式。

绿色金融是实现绿色发展的催化剂和加速器，也是供给侧结构性改革的重要内容。在城市绿色转型发展时期，绿色金融将发挥资源重置、风险管控、生态产品价值实现与碳中和投融资的作用。生态环境风险可以通过不同渠道影响金融。以生物多样性为例，二者关系主要体现在：一方面，投资者和金融机构参与的投融资项目有可能对生物多样性造成负面影响。另一方面，生物多样性损失反过来也会增加金融风险。因此，越来越多企业把更多金融资源转移到生态环境保护或对其有利的项目。企业通过探索建立协同发展的绿色金融政策体系，能更有效推动环境标准、技术和产业合作，进而推动投融资绿色化，也倒逼企业走一条更绿色的发展道路。

中国人民银行发布的数据显示，2022年底，我国绿色贷款余额22.03万亿元人民币，比2021年底的15.9万亿元同比增长38.5%，存量规模居世界第一，其中，投向具有直接和间接碳减排效益项目的贷款分别为8.62万亿元和6.08万亿元，合计占绿色贷款的66.7%。据银保监会政策研究局估算，我国21家主要银行绿色信贷每年可支持节约标准煤超过3.2亿吨，减排二氧化碳当量超过7.3亿吨。可以说经过几年的发展，我国的绿色金融市场已经具备一定规模。

近年来，上海国际金融中心建设致力于打造国际绿色金融枢纽。绿色金融已成为上海国际金融中心能级建设的一个重要因素。目前，上海正在以绿色金融改革推动经济社会的绿色低碳可持续的发展，以碳金融市场建设和绿色的金融体系机制创新为突破，围绕激发绿色金融的市场活力，提升绿色金融的服务水平，优化绿色金融的发展环境，完善绿色金融的标准体系，更好地参与国际绿色金融合作，进而打造具有国际影响力的碳交易、碳定价和创新中心以及国际绿色金融中心。2021年，上海出台了《上海加快打造国际绿色金融枢纽服务碳达峰、碳中和目标的实施意见》，这既是对上海打造国际绿色金融枢纽的整体规划方案，也是上海积极推进发展绿色金融助力国家实现"双碳"目标的一个行动纲领。此外，还不断地深化政府和企业金融行业的联动，健全现代环境治理体系，努力的探索绿色金融创新模式，大力推进碳金融市场的建设。

发展绿色金融是上海实现对传统产业进行"绿色"改造的一个重要举措。上海投资规模较大，发展绿色金融是供给侧结构性改革的重要内容，是实现绿色发展的重要推动力量。目前，上海每年环保绿色投资已超过 GDP 的 3%，这是一个巨大的投资，包括水治理、垃圾分类之后的整个垃圾末端治理，以及相关基础设施建设。

经过这些年的发展，绿色金融在金融圈已经从"小众"走向"大众"，但社会公众对它仍然十分陌生。我们可以从政府、企业和金融机构三维视角来理解绿色金融激励下的投资策略。从政府投资视角，政府可以借助金融思维缓解财政压力，提升财政投资的绩效。此外，通过财政加金融的合作模式，为绿色金融合作提供投资。从企业投资视角，投资传统污染型的领域成本越来越大，风险越来越高，不确定性急速上升。而投资于绿色领域的机会现在越来越多，且融资成本也会越来越低，投资的预期收益也会逐步提升。企业可以借助政府对绿色投资的政策支持，与绿色金融产品形成组合，放大投资规模和投资效应。从金融机构视角来看，绿色金融的政策影响下，绿色金融机构的贷款业务也会越来越注意环境因素，建立一系列的绿色信贷流程体系，开展绿色信贷相关制度的创新。越来越多银行机构参与到绿色金融产品的设计与交易过程，加大绿色信贷的资源配置，绿色金融正在迎来政策窗口期为商业银行勾勒出一条服务实体和防控风险的新发展路径。

然而，企业和社会公众对于生物多样性领域的绿色金融关注度仍然比较低，但这是城市自然生态系统的生态价值转化的重要手段。在生物多样性开发利用过程中，需要推动企业参与生物多样性金融，扩大生物多样性保护相关投融资，将生物多样性保护、修复与再生作为绿色金融的重要领域。因此，需要进一步丰富投融资主体和参与形式，开展生物多样性保护金融试点、风险披露等，确保多渠道资金流向符合生物多样性目标。

上海绿色金融至少可以从六个领域做到去碳化：能源系统的转型，促进新能源和可再生能源等的发展；通过增加森林绿地和土地利用优化等措施，增加绿色碳汇；推进城市和基础设施绿色化，包括建立国内外匹配各产品衔接的绿色金融标准体系，健全气候和环境信息披露制度，明确信息披露主体，提高信息披露的质量，建立相关的基础数据库；对城市经济活动进行绿色投资；增加绿色能源传输网络，以及绿色的交通网络；加强对减碳的公众教育和研究的投资支持。

上海的绿色金融发展，既要打造国际绿色金融枢纽，也要辐射对接长三角。如何深化绿色金融效能是关键，需要采取更高的绿色发展标准和更系统化、体系化的绿色金融行为。因此，未来绿色金融体系发展需要三大转型：金融机构在大力发展碳金融时，需要创新对接国际国内碳市场，并研究推动对碳信贷、碳债券、碳期货、碳保险、碳基金、碳指数等金融产品和服务的创新；绿色金融要对接重点行业和资源，挖掘好的投资领域和机会；绿色金融要通过高碳密集型行业转型升级等措施，推动城市更新、乡村振兴以及城市土地空间开发格局的优化。

四、超大城市的乡村产业功能

对于一座超大城市，上海乡村需要承担怎样的功能，以及如何推进乡村"五大振兴"，是一个很重要的现实问题。超大城市的城市化进程走在前列，随着乡村人口向城市转移，城市周边的乡村数量和规模逐渐缩减，发展活力有所下降。与一般城市相比，超大城市乡村振兴是对快速现代化进程中传统乡村衰落的现实回应，既有现实紧迫感和使命感，也有其自身优势条件。

上海与北京、广州等超大城市一样，城乡收入绝对差均高于全国平均水平，随着城市步入高收入水平阶段，其农业在国民经济中的比重逐步降低。但农业的基础地位要求超大城市更加注重农业农村发展，对振兴乡村进行更为丰富和深入的探索。上海具备乡村振兴的资本和市场优势，工业反哺农业、城市支持乡村的条件优越。2021 年和 2022 年，上海农村居民人均可支配收入连续位列全国首位。不过，要衡量农民收入增长，还有一个被国际上重视的概念，即"城乡居民收入比"。党的二十大报告将"共同富裕"明确为中国式现代化的基本特征与本质要求。在此背景下，农民人均收入增长和城乡居民收入差距缩小，成为与"共同富裕"直接挂钩的两个指标。

探索超大城市城乡融合发展和乡村振兴的路径，将新型城镇化战略和乡村振兴战略有机耦合，其目标聚焦在乡村发展活力的激活和农民增收。由此，拓宽农民增收致富渠道，是上海推进乡村振兴战略的重要内容；聚焦农民增收，则是上海率先实现农业农村现代化需要解决的问题。

恰恰是以这个为出发点，上海作为长三角区域一体化发展的龙头，其乡村振兴必须紧扣农业高质量发展，依托城市群丰富的要素资源和流通，以产业融合为切入点充分发挥规模经济和范围经济的协同作用，构建多样式、灵活发展的产业发展体系，以提高农业附加值、为村民增收增添渠道，进而调动各方主体在乡村振兴过程中的主动性，激活农村发展持续动能。上海的"五个中心"建设，正按照城乡融合、共同富裕的发展理念向前推进，这为统筹谋划城市和乡村协调发展提供了"双轮驱动"的突破口，为农民增收拓宽渠道提供了空间。

以国际经验比较看，主要发达国家的乡村普遍经历了从衰落到振兴的过程，并做到了重视农业农村并为其保留广阔的发展空间。我们可以总结一些可借鉴的特征和经验：发达国家大城市乡村振兴的初衷，都把保证粮食安全作为基本任务和目的，城乡基础设施建设和公共服务基本实现均等化，以制度安排避免"城乡二元结构"；以科技支撑农业现代化发展，引导城乡产业融合发展。同时，发达国家超大城市充分挖掘乡村历史文化与自然生态资源的潜在价值，注重保护乡村的历史文化建筑、自然景观等，使乡村承担起超大城市重要文化和生态的休闲与文旅功能，从而带来巨大的经济、社会、生态效益。这些经验非常值得我们参考和借鉴。

在乡村振兴过程中，上海需要怎样的乡村功能呢？

上海的乡村，既是超大城市中心城的扩展区，又是现代化国际大都市产业、人口、就业的主要分布区，并且肩负着优化城市环境的特殊职能。这既是超大城市城乡一体化发展的必然趋势，也是乡村进一步发展的基本方向。因此，无论从哪个视角出发，上海的中心城区和郊区乡村，都是超大城市谋求进一步发展的"中流砥柱"，都各自发挥着重要作用。尤其在上海"五个中心"和现代化国际大都市建设，以及推动长三角世界级城市群发展的客观要求看，上海的乡村还能发挥一系列新功能。

超大城市空间伸展的"扩充"功能。上海的郊区乡村，不仅与中心城区的空间伸展融为一体，也与长三角形成了相互连接和呼应的大都市圈。这个区域及其所在的"五大新城"不仅带动了上海第三产业的发展和能级提升，还提供了上海产业结构和布局优化的空间支持和疏解功能。

超大城市绿色经济的"组合"功能。超大城市的乡村经济不再是依附于中心城区发展，而是形成中心城区和郊区乡村经济"组合拳"的重要力量。当前，在崇明、浦东临港、青浦、松江、奉贤等区域形成了一批各具特色的休闲旅游产业。传统农业通过链接第二、三产业，发展了观光农业、休闲农业等，进而提升了农业发展能级。在此基础上，乡村功能进一步发挥，使得郊区经济实力不断发展壮大。

超大城市人居健康的"生态"功能。上海的生态空间主要分布于郊区和乡村，这些生态空间维系着城市的生态系统服务功能，包括水体净化和调蓄，江海、湖泊、河流等湿地资源的作用发挥，以及不断增加绿地面积和质量的生态重任，因而成为超大城市可持续发展的"生态屏障"。

　　超大城市需要系列"服务"功能。上海的乡村为中心城区提供了各类农产品服务、疏解人口密度过高的居住需求、休闲康养等服务功能。以崇明郊区乡村为例，被誉为大上海"后花园""菜园子"的崇明，自然资本不断增值，越来越凸显出它的战略地位。崇明世界级生态岛建设是一个长期的动态过程，也是居民生活质量不断提高、产业不断升级的发展过程。近年来，崇明打造了许多特色乡村生态旅游点，如瀛东生态村，将生态环境建设、现代高效生态农业、乡村民居生态改造结合起来，建成了一个生态旅游度假村。

第五章

和谐——人与自然相处之道

一、人与自然和谐共生的城市现代化

人与自然和谐共生是中国式现代化的重要特征和本质要求之一。2020年11月，习近平总书记在江苏考察时指出："建设人与自然和谐共生的现代化，必须把保护城市生态环境摆在更加突出的位置，科学合理规划城市的生产空间、生活空间、生态空间，处理好城市生产生活和生态环境保护的关系，既提高经济发展质量，又提高人民生活品质。"人与自然和谐共生是生态文明建设的重要内容，也是解决城镇化和城市生态环境问题的重要路径。城市是现代化建设的重要载体，实现城市生态化发展，是生态文明建设的应有之义。

2021年10月，习近平主席在《生物多样性公约》第十五次缔约方大会指出："人与自然应和谐共生。当人类友好保护自然时，自然的回报是慷慨的；当人类粗暴掠夺自然时，自然的惩罚也是无情的。我们要深怀对自然的敬畏之心，尊重自然、顺应自然、保护自然，构建人与自然和谐共生的地球家园。"

在新的历史条件下，如何建设现代化城市、建设什么样的现代化城市，是城市应对人民对美好生活的诉求、应对社会发展的必答题。2015 年 12 月，中央城市工作会议明确提出，城市建设要以自然为美，把好山好水好风光融入城市，使城市内部的水系、绿地同城市外围河湖、森林、耕地形成完整的生态网络。要停止那些盲目改造自然的行为，不填埋河湖、湿地、水田，不用水泥裹死原生态河流，避免使城市变成一块密不透气的"水泥板"。从这个意义上说，"人与自然和谐共生"是上海城市发展的必然选择。

哈佛大学经济学教授爱德华·格莱泽在著作《城市的胜利》中说："城市，是人类最伟大的发明与最美好的希望。"总结国内外经验可以发现，人与自然和谐共生的现代化主要具有以下几个方面的特征：

其一，人与自然和谐共生的现代化既不是以资本为中心的，也不是以生态为中心的，而是以人民为中心的，强调全体人民共同富裕和福祉提升。

其二，人与自然和谐共生的现代化既要抓住人口规模巨大带来的红利，在生态系统服务提供中充分利用和享受规模经济，也要迎接人口规模巨大带来的挑战，避免生态系统服务供给超过生态容量。

其三，人与自然和谐共生的现代化既要物质富足、发展生态经济，也要精神富有、发展生态文化，做到经济、文化和生态协同发展。

上海要探索超大城市的中国式现代化，离不开"速度"和"均衡"两个维度。在展望 2035 年愿景时，上海提出了这座城市要"更加安全、更富韧性、更有活力"。因此，要加速推进实现中国式现代化，就要实现"经济发展质的稳步提升与量的合理增长互动并进，城市的繁华与农村的繁荣交相辉映，物质富裕与精神富足共同进步，人与自然和谐共生"。当中国式现代化道路日渐清晰的时候，上海要创造的，不只是"量"的丰盈，更是"质"的完善，以及"制"和"治"的样板。

超大城市如何厚植绿色生态本底，塑造公园城市优美形态？如何实现人与自然和谐共生的城市现代化？对于上海这座拥有近两千五百万人口的大城市而言，"人与自然是生命共同体"理念深入人心是上海建设人与自然和谐共生国际化大都市的内在动力。

生物多样性保护是上海建设"人与自然和谐共生城市"的重要基石。提升生态系统质量和稳定性是其根本目标，逐渐成为市民的共识，并吸引了越来越多的公众参与其中。良好生态本身蕴含着经济社会价值。提升生态系统质量和稳定性，既是增加优质生态产品供给的必然要求，也是减缓和适应气候变化带来不利影响的重要手段。近年来，上海持续扩大绿色生态空间，不断加强生物多样性保护力度，通过城市绿化隔离带、城市公园等绿色空间改造，生成城市野生动物生息繁衍区域。

坚持绿色低碳发展是上海建设人与自然和谐共生的现代化的基本策略。如前文所述，绿色发展是新发展理念的重要部分，其要义是要解决好人与自然和谐共生的问题，目的是改变传统的"大量生产、消耗、排放"的生产和消费模式，使资源、生产、消费等要素相匹配相适应，实现经济社会发展和生态环境保护协调统一、人与自然和谐共生。

党的二十大报告强调，坚持人民城市人民建、人民城市为人民，提高城市规划、建设、治理水平，加快转变超大特大城市发展方式。现代化的城市建设首先是人与自然和谐共生，不能先污染后治理；要物质文明和精神文明协调发展，既要有硬实力，又要有软实力。换言之，坚持以人为本，不断满足人民群众日益增长的优美生态环境需要是终极目标。上海探索超大城市人与自然和谐共生的现代化，必须体现中国式现代化的特征。在加速推进实现超大城市人与自然和谐共生现代化的进程，与当前上海实施的"十四五"规划和2035年远景目标纲要等各项战略不可分割，既要守正还要创新。这样的生态之城，将更具韧性、更可持续，拥有绿色、低碳、健康的生产和生活方式，人与自然更加和谐，天蓝地绿水清的生态环境更加怡人。这与人与自然和谐共生现代化的目标一致。

二、从城市公园到公园城市：城市发展的新高度

（1）公园：城市发展的时代印记

世界造园已有数千年的历史，但真正意义上的城市公园产生和发展不过是近一两百年的事情。公园作为城市公共空间的重要组成，其产生与发展，与所在城市有着与生俱来、密不可分的联系，其命运兴衰往往伴随着城市的发展和变迁。现代城市公园产生的主要原因是城市化过程中出现了人口膨胀、交通拥堵、卫生环境恶化等一系列社会问题。

城市公园体系发展缘起于西方国家，至今已发展了150余年，逐步成为城乡规划中不可或缺的组成部分。奥姆斯特德对城市公园系统（park system）的定义为："公园（包括公园以外的开放绿地）和公园路（parkway）所组成的系统，具有保护城市生态系统，引导城市良性发展，增强城市舒适性的作用。"19世纪中后期，欧洲和北美兴起了城市公园建设，被称为"城市公园运动"。随着美国纽约中央公园的建成，公园绿地被认为可以缓解诸多城市病的城市基

础设施而开始大规模建设。历经近一个半世纪的发展完善，现在的城市公园体系逐步形成网络化、多层级的发展模式，重构和优化了城市空间格局，成为城市绿色基础设施的重要组成部分。国外诸多宜居城市、绿色城市都具有较为完善的城市公园体系。

以纽约为例，纽约中央公园的发展变迁，是纽约城市发展的时代写照。19世纪中叶的纽约，已发展成为国际航运中心、美国工业中心和金融中心，但也伴随着快速城市化带来的以公共卫生问题为代表的城市病。当时，纽约借鉴英国同时期的城市公园建设经验，建设了一座大型城市公园，并逐步成为全纽约人及国内外游客共享的休闲场所。在中央公园开放近150年的历程中，其功能并非一成不变，而是根据城市发展和市民需求的变化不断更新调整的，其中绿地空间的动态调整最具代表性。中央公园里鲜活生动的野生动物种是城市宜居品质的最直接证明，以及它为市民提供的"大氧气库"，远胜过一切抽象的监测指标。因为中央公园的存在，当世界上绝大多数的城市发展唯GDP论时，纽约宣传的是中央公园有多少种鸟类。根据纽约Appleseed咨询公司为中央公园保护协会提供的《中央公园对于纽约市经济贡献的评估》报告统计，在2014年纽约的城市税费收入中，归属于中央公园自身及其正外部性影响所创造的价值总额约为10.45亿美元。

早期的公园建设更关注城市中心区，随着城市发展和空间扩张，城市公园扩展到郊野地区。1968年，郊野公园（Country Parks）最早起源于英国。为了控制建成区的扩张和引导城市健康发展，英国首先提出在城市外围的绿色地带引入一定的基础服务设施和游憩活动，称之为"郊野公园"。

1970年，香港开始筹划郊野公园。1976年颁布的《郊野公园条例》奠定了香港郊野保护及郊野公园的职能，明确提出郊野公园的用途包括自然保育、教育、康乐、旅游和科研。如今，香港有24个郊野公园和22个特别地区，遍布全港各处，范围包括风景怡人的山岭、丛林、水塘和海滨地带。借助郊野公园建设，香港在人多地少的客观情况下，保护了其近3/4的生态空间，在提高环境质量的同时，还为市民提供了丰富的游憩休闲空间。再加上数十年来的自然保育措施，造就了现在多样化的生态环境，郊野公园成为大量野生动植物的生存之所。

曾经的新加坡是一片荒芜之地，居住环境非常恶劣。直到20世纪60年代，新加坡总理李光耀提出"绿化新加坡、建设花园城市"的构想，随后的近60年，新加坡人民坚定不移地开展绿化运动，新加坡才有了"花园城市"的美誉。进入新世纪后，新加坡的"花园中的城市"不仅仅是延续了"花园城市"建设，通过植物装饰美化城市，改善城市环境，更加重视对自然生态遗产和生物多样性的保护。

在城市生态文明建设、谋求绿色发展转型期，国外诸多宜居城市的城市公园体系建设经验无疑具有借鉴意义。从公园发展的演变历史可以看出，公园产生和发展与城市化进程息息相关，都是希望从自然的角度解决城市问题，让城市变得更加宜居。

生态空间是上海参与全球竞争的一个重要因素，而公园是生态空间的重要组成部分，是具有改善城市生态环境、科教健身、文化艺术、防灾避灾等多种功能的城市公共开放空间，在满足人民日益增长的生态环境需求方面承担着重要作用。

目前，上海已将生物多样性纳入城市规划，推进环城生态公园带建设，实施"千座公园"计划，推进森林入城，加强河湖、湿地生态保护和修复，提高城市蓝绿空间的面积、质量、连通性和可达性，提高城市乡土物种多样性以及城市与周边地区的生态连通性，增强城市韧性和生态系统服务功能。以外环绿带为骨架的环城生态公园带建设取得显著成效。上海全市已建成城市公园、地区公园、口袋公园和郊野公园等各种类型的城乡公园430余座，其中有7座郊野公园，人均绿地面积约8.8平方米，绿道总长度1537.78公里，不断满足城市居民对优质生态产品的需求。但是，上海在公园建设方面与东京等全球城市仍然存在一

127

定差距，主要表现在总量上的差距、布局不均衡、系统性不强、品质待提升等。

（2）公园城市：城市治理的战略性转变

2018 年 2 月，习近平总书记在四川成都调研时首次提出"公园城市"全新理念和城市发展新范式，引起社会广泛关注和热切期盼。公园城市的核心内涵是用生态理念引领城市发展，以人民为中心，构建"人、城、境、业"和谐统一的城市发展新模式。公园城市主张将公园形态与城市空间有机融合，生产生活生态相适宜，实质是一种高度发达的社会形态，生态生活生产平衡统一，人、自然、城市和谐共处，是顺应人与自然和谐共生的产物。

公园城市并非既有的学术层面的概念。作为一种创新性的理想城市的新探索，公园城市突破了工业文明语境下城市"扩张导向、征服自然、破坏生态、不可持续"的发展格局，重新定义了人与自然、人与人、人与社会的关系。公园城市是在我国推进生态文明转型的大时代背景下关于城市发展范式的创新性探索与实践，其实质可以被认为是城市尺度上的生态文明建设模式，这种城市发展新模式为破解工业城市发展困局、改善居民福祉提供了方向，也为实现人与自然和谐共生指明了路径。

在这个理念下，未来城市的增量空间不只是工业区和居住区，还将会有大量的休闲空间和绿色空间的增量，这也是真正的健康、美好生活所需要的新空间。公园城市的理念和模式，就是要发挥城市生态的价值。

公园城市建设需要顺应自然尊重自然保护自然的生态价值。生态价值作为人与自然联结的桥梁，反映了自然生态系统与社会经济系统整体之间的关系。城市不论大小，都是一个复合生态系统，而公园城市应以生态系统的科学调控为手段，建立起一种能够促使城市人口、自然、资源和谐共处，社会、经济、自然协调发展，物质、能量、信息高效利用的人类聚落地。

"公园城市"理念的提出表明了"公园—城市"关系发展演变的方向，我们可以理解为"公＋园＋城＋市"的含义融合。如今，"公园城市"理念已在全国范围推广，诸多城市正从"在城市中建公园"向"把城市变成公园"转变。上海、成都、深圳、西安、广州等国内超大特大城市纷纷提出推进"公园城市"建设的相关计划和举措，因地制宜给出了"公园城市"建设的具体方案。成都是国内最早建设公园城市的超大城市。深圳市正在实施生态筑城、山海连城、公园融城、人文趣城四大行动。对于公园城市建设，深圳市拟定的目标是：到 2035 年，建成"山、海、城、园"相融的全域公园城市。而广州也在实施青山入城、碧水织城、绿道连城、千园融城四大行动，推进"生态公园—城市公园—社区公园—口袋公园"四级公园体系建设，计划到 2025 年建设 1500 处公园、4000 公里绿道和 1506 公里碧道。

公园城市将自然生态系统与人类活动放在了平等位置。公园城市强调发挥生态价值，就要探索践行"两山"理念；转化生态优势，创造新的经济增长极。公园城市并非简单地追求城市的生态环境优美，它更强调经济、社会、生态协同发展、产业结构布局合理、自然生态保护良好、人与自然和谐共生的宜居城市。其形态体现在"整个城市就是一个大公园，老百姓走出来就像在自己家里的花园一样"，这正是一个宜居城市的未来预期。

三、公园城市如何体现人民至上？

"民，乃城之本也"，城市的核心是人。随着人民生活水平的提高，居民更加关注人居环境的质量。正如习近平总书记在中央城市工作会议上指出的，"人民群众对城市宜居生活的期待很高，城市工作要把创造优良人居环境作为中心目标，努力把城市建设成为人与人、人与自然和谐共处的美丽家园"，要"让居民望得见山、看得见水、记得住乡愁"，"把绿水青山保留给城市居民"。

习近平总书记在 2019 年 11 月考察上海时提出"人民城市人民建，人民城市为人民"重要理念，并强调："无论是城市规划还是城市建设，无论是新城区建设还是老城区改造，都要坚持以人民为中心，聚焦人民群众的需求，合理安排生产、生活、生态空间，走内涵式、集约型、绿色化的高质量发展路子，努力创造宜业、宜居、宜乐、宜游的良好环境，让人民有更多获得感，为人民创造更加幸福的美好生活。"这个论述深刻回答了城市建设发展依靠谁、为了谁的根本问题，同时回答了建设什么样的城市、怎样建设城市的重大命题。

（1）全球城市的公园建设新趋势

公园网络和连接性的完善。越来越多的城市强化公园的公共空间属性，虽然不同国家和城市对公园的界定有一定的分级分类标准，但并不局限建设用地与非建设用地、城与乡的差别。大伦敦和东京都提出的公园公共开放空间体系既包含体现郊野特征的区域性公园，也对城市内各个级别的公园和小型开放空间的建设标准及服务半径进行了界定。东京都的公园分类中既有面向城市居民的综合公园和运动公园，也有为住区居民提供日常服务的街区公园、近邻公园和地区公园，也包括以满足大城市和都市圈内的休闲需要为目的的广域公园，从而形成了公园网络。

绿色空间服务和品质的提升。全球城市普遍关注绿色空间供给的公平性和均好性。以东京为例，日本在《都市公园法》中明确规定了住区基干公园和都市基干公园的服务半径、标准面积、服务人口等。东京在土地资源极度紧张的情况下,利用各种城市缝隙建起各层级的公园,保障了市民日常的休闲游憩和运动健身的需求。通过打造具有特色的旗舰公园,突出公园作为休闲目的地的功能。而在纽约,《纽约城市规划:更绿色更美好的纽约》中提出至2030年建设和提升一批有特色的旗舰公园,高线公园(High Line Park)就是具有国际影响力的特色公园之一。同时,鼓励公园与其他功能的有机复合,打造具有活力的休闲空间,提高公园可达性。日本的公园与体育功能结合度就很高,还建设有部分防灾型的公园系统。

(2)公园城市建设的出发点和落脚点是"以人为本"

公园城市已不是过去意义上的城市公园,也不是单纯意义上的"公园+城市",更不是单纯增加公园的数量。它在以往城市公园的基础上,打破了过去城市公园各自独立策划的"孤岛"模式,它更突出各自特色基础上的系统性、实用性、生态性、文化性和未来性。

良好的生态环境就是民生福祉。公园城市本质上就是坚持人与自然和谐共生的中国式现代化城市。从人类系统和生态系统的关系来看,传统意义的城市公园体现的是把"生态系统看作人类系统的一个子系统"的理念,是工业文明时代城市这个人类系统包含的生态系统。公园城市则反过来,强调人类系统是生态系统的一部分,作为人类系统的城市包含于生态系统之中，是生态文明时代的城市。公园城市建设反对资源的无序开发和利用，重视人与人、人与自然、人与社会的协调发展，是人类—社会—生态系统地整体性进步。简单地说，就是从经济 GDP 导向转向以人为中心。

坚持人民城市为人民，是做好城市工作的出发点和落脚点，而宜居的生态环境，正是城市建设以人民为中心的重要体现。2021 年，上海市提出将贯彻《上海市生态空间专项规划（2021—2035）》，实施千座公园计划，建设环城生态公园带，完善城乡公园体系，建成具有中国特色、时代特征、上海特点的公园城市。

2022 年 12 月，上海发布《上海市"十四五"期间公园城市建设实施方案》，提出以"千园工程"为抓手提升生态环境品质和城市空间形态，以新发展理念推动绿色空间开放、共享、融合，以"公园 +""+ 公园"探索生态价值的创造性转化，以示范点（区）创建牵引带动公园城市全面建设，逐步打造"城市乡村处处有公园、公园绿地处处是美景、绿色空间处处可亲近、人城境业处处相融合、爱绿护绿处处见行动"的城市，进而打造超大城市公园城市建设的标杆。

在新形势下，以建设卓越的全球城市为目标的上海逐步在体系构建上统筹城乡用地，在城市公园的基础上将郊野和农村地区纳入体系，建立城乡一体的公园体系。在空间布局上，强化网络连接，及公园的多维度联结，确保绿色空间的公平性。在功能引导上，注重特色塑造，加强公园的功能复合。在建设策略上，关注公园活力，提高公园的开放性、生态性、主题性和趣味性，才能真正实现以人为本。

四、美丽乡村的生态服务价值

当我们用工业文明视角看待乡村，或许乡村不能提供吸引人的物质效益，对推动 GDP 增长贡献也不如第二、三产业显著。然而，当我们从生态文明视角看待乡村，就会发现乡村具有城市不可替代的经济、生态和文化价值。乡村体现的是人与自然、人与人的和谐关系，无论是生产和生活方式，还是信仰与习俗，都协调和维系着人与环境、人与生态的和谐。

不论在能量还是物质上，城市都是一个高度开放的生态系统，对其他生态系统具有高度的依赖性。正如有学者指出的，在城市化进程中，人类将大多数野生生物限制在越来越狭小的范围内，同时也将自己圈在钢筋水泥和各种污染构成的人工环境中，远离了人类祖先所拥有的野趣盎然的生活环境，从而产生了种种文明病。城市的生态环境问题更加凸显了乡村生态的重要性。在"城市病"流行的当下，农村居民享有的这种"免费"生态服务显得弥足珍贵。因此，思考乡村生态价值对城乡生态文明建设具有启迪作用。

美丽乡村建设是生态宜居、乡风文明、治理有效、生活富裕美好愿望的凝聚。上海将美丽乡村建设具体落实在以"美丽家园、绿色田园、幸福乐园"建设这"三园"工程上，以"三园"工程建设全面推进乡村振兴，突出了对于城市人居生态系统的"乡村贡献"，与"公园城市"建设相得益彰。

在当今浮躁快节奏的社会生活中，城市人群愈发需要绿色生态产品来慰藉心灵。因此，通过"生态价值＋服务"，激发各类市场主体活力，引导政府、企业等主体参与推动生态产品化开发，打破城乡间的交换阻碍，发挥农村生态优势，提升农村生态价值的转换效率，为城市人群提供绿色的生活方式与产品、优美良好的康养与治愈环境，使乡村地区成为旅游观光、休闲娱乐、文化体验、教育等多重功能场所的聚合地，推进乡村经济社会的可持续发展。

乡村生态系统的特殊性在于它既是自然生态系统的一部分，也是人工生态系统的代表。而且，在人与自然互动过程中形成的独特生态文化、理念渗透在乡村生产、生活的方方面面——这是其他形态的社区所不具备的。乡村生态系统的结构相应包含三个子系统——自然生态系统、经济生态系统和社会生态系统。这三个子系统在各自层面上相对完整但并不独立，彼此交织、相辅相成，共同维持着乡村生态系统的稳定运行。

良好的生态系统服务是乡村区别于城市中心区的重要特征之一。乡村除了农林牧渔食品供给等经济价值之外，还可以提供文化、娱乐和景观的文化服务，以及水质和气候的调节服务、生物多样性支持服务等多方面的生态价值。若以货币价值来衡量，农业生态系统提供的生态服务价值远远高于它直接提供产品的价值。乡村生态产品价值是实现共同富裕的基础和有效途径。所以在推进乡村生态文明建设，提升乡村生态价值，对于超大城市的人居健康福祉的作用十分突出。一项研究显示，2017年崇明环岛湿地的生态服务价值为151.8亿元。其中，文化服务价值最高，为104.2亿元；调节服务价值为46.72亿元。文化服务价值在总价值中占比69%，表明崇明环岛湿地旅游产业潜力巨大。

深入发掘良好生态的经济价值，推进生态产业化，是乡村生态优势转化经济优势的探索实践重点。美丽乡村中人与自然的和谐，需要立足农村地区的生态资源优势，以"生态＋"理念增加农业产品附加值，充分实现生态溢价。

深入挖掘农村自然景观和人文资源，在此基础上进一步利用生态优势发展农产品精深加工业、生态文旅业等多元化产业形态，促进三产融合发展，让绿水青山发挥出更大经济效益。

第六章

拓展优质城市生态空间

一、城市生态空间体系功能、特性与构成

城市生态空间是实现生态宜居城市的重要载体。人们在享受着超大城市工业化、现代化带来"福利"的同时，也面临着传统生态环境类城市病，以及日渐突显的社会经济类"新都市病"的双重挑战，人们的需求从对富足、便利、"易居"生活追求的初级阶段，转向渴望生态环境改善以及人居环境质量提升的高级阶段，生态宜居城市成为人居历史演进的必然趋势和新时代发展的社会需求。

《全国主体功能区规划》（2010）中将国土空间按照提供产品的类别分为城市空间、农业空间、生态空间和其他空间四类。其中的生态空间是指以提供生态产品或生态服务为主体功能的空间。主要包括林地、水面、湿地、内海，更多的是自然存在的自然空间。

从城市生态空间体系功能看，它包括保障城市生态安

全、维护城市生物多样性与自然生境、优化城市空间格局、提升城市生态系统服务、促进城市休闲游憩等方面。城市生态空间通过网络化的生态空间系统，为城市生物多样性提供栖息地和野生动物自然迁徙通道。同时，通过开放空间体系，为市民提供充足的户外休闲游憩空间，提供文化旅游服务，因而具有维护城市安全、水土保持、调节气候、防治内涝、净化水体等作用。

从城市生态空间体系特征看，包括结构性、功能性和系统性。结构性体现在空间的高度联接和交叉。"联接"所形成的生态廊道为网络空间中的生态过程和生物提供了迁徙通道，"交叉"所形成的生境斑块及节点为生态空间构建了多样的栖息生境。功能性体现在城市生态空间的复合性功能，既有维护生物多样性和生态完整性的综合功能，又具有物质服务、调节服务和文化服务价值。系统性则体现在各要素在生态过程中的关联、相互作用和影响。

虽然国土空间现状体现在社会经济、行政区划和自然要素等方面，但其本质属性还是其自然生态要素。对于某一区域的国土空间上的经济社会布局，实际上都是该区域国土空间自然地理衍生出的自然生态要素决定了其开发格局，各区域自然生态要素的差异又决定了这些区域的不同承载力。

因此，国土空间最重要的是其自然特征和属性，包括国土所在地理位置、地质历史、地形地貌等以及由此派生出来的各种自然生态要素——光照、温度、降水、大气、土壤、风、地热和生物等及其空间配置，以及森林、草原等各种自然生态系统，在国土上经过漫长历史形成并蕴藏着各种生物多样性、矿产和人文等资源，依附于国土上的领空、领海、海岸线、港口、航道资源等，这也是一个区域生态文明建设的最重要的物质基础和空间载体。对于城市空间来说，亦是如此。

城市生态空间体系构成包括土地利用形式和空间构成。城市生态空间主要由建设用地和非建设用地两大类土地利用组成。其中非建设用地包括农田、草地、水体和湿地、森林等土地利用类型，以及建设用地中的公园绿地、防护绿地和附属绿地等（表6-1）。

表6-1 城市生态空间体系的用地组成

类别	一级分类	二级分类
土地利用类型	建设用地	公园绿地
		防护绿地
		附属绿地
		其他绿地
	非建设用地	水域和湿地
		农林草生态用地
		自然保护地
		各类生态公园
		其他未利用生态用地

以东京为例，虽然东京的土地资源空间有限，但是非常重视和保护生态空间。近三十年来，东京的森林、湿地、水面、原野、公园和空地等构成的生态空间维持约占国土空间面积的 50%。东京的生态城市建设尤为重视城市居民生活环境质量，生态用地比例在近三十年变化不大，属于变化最小的土地类型。

二、扩绿：生态空间优化和品质提升

党的二十大报告提出，要站在人与自然和谐共生的高度谋划发展，在"推动绿色发展，促进人与自然和谐共生"部分提出要"协同推进降碳、减污、扩绿、增长，推进生态优先、节约集约、绿色低碳发展"。其中，"扩绿"的主要任务是不断提升生态系统多样性、稳定性、持续性。

在上海建设全球城市的目标下，生态空间将作为重要因素参与全球竞争，生态环境和宜居品质是重要的一环。目前，上海生态空间建设理念已逐步从改善城市环境向维护生物多样性转变，从以人为本到强调人与自然和谐相处的生态理念。

早在 1983 年，上海制定了《上海市园林绿化系统规划》，架构了中心城"多心开敞"的绿化布局结构，提出郊区园林绿化设想，建立市级、区级、地区级、居住区级、小区级的公共绿地体系，开辟环状绿带与放射状林荫干道，发展专用绿地等。1998 年后，从"见缝插绿"转变为"规划建绿"。进入 21 世纪，又先后制定了《上海城市绿地系统规划（2002—2020）》等，关注重点也开始由原来的中心城区扩展到了整个市域范围，注重城乡一体，并于中心城区实施均衡化、网络化的绿地格局。

经过数十年的建设优化，上海的生态空间得到极大提升。新中国建立初期上海人均绿化面积约为 0.13 平方米，1995 年，人均绿地面积为 1.69 平方米，到 2021 年底，人均绿地面积已达 8.8 平方米，这也是我们通常讲的人均绿化面积从"一双鞋"扩大到了现在的"一间房"。数据显示，全市森林覆盖率已达 19.4%，建成区绿化覆盖率 40%，湿地保有量 46.46 万公顷，湿地保有率 50%。"环、楔、廊、园、林"的市域绿化格局初步成型，中心城区内部绿地粗具规模。近年来，进一步构建了市域层面"环、廊、区、源"的城乡生态空间体系，和中心城区层面"环、楔、廊、园"为主体的生态网络空间体系，针对各类生态空间类型分别提出了生态空间控制引导，为城市发展和生态保护起到了引导作用。由此，城市变得更休闲、更宜居。

"上海 2035"基于陆海统筹发展战略，划定了生态、农业和城镇"三大空间"，并建立生态保护红线、永久基本农田、城市开发边界和文化保护红线"四条控制线"的空间管控体系。上海的生态空间主要集中在郊区，中心城相对较为逼仄。其中，耕地主要分布在崇明岛、杭州湾北岸和西南部靠近浙江省区域。森林资源依托城市公园均衡布局的基础上，在外环绿化带、黄浦江水源、郊区片林等地区较为集中。水体和滩涂主要分布在河网密布的郊区，包括环淀山湖地区湖泊群、长江口和杭州湾北岸滩涂湿地等。上海重要生态要素包括各类生态用地和具有重要生态价值的区域，分为14类（表6-2）。

表6-2　上海城市生态空间的重要生态要素

生态要素类型	名　称
自然保护区	崇明东滩、九段沙湿地2处国家级自然保护区 长江口中华鲟、金山三岛2处市级自然保护区
饮用水源保护区	陈行水库、青草沙水库、东风西沙水库、 黄浦江上游水源地4处水源保护区
重要湿地	崇明岛、长兴岛和横沙岛周缘湿地 崇明明珠湖公园 崇明西沙、吴淞炮台湾2处国家湿地公园
森林公园	东平、海湾、共青、佘山4处国家森林公园
风景名胜区	佘山国家级旅游度假区
地质公园	崇明国家地质公园
重要的野生动物栖息地	东滩湿地公园扬子鳄野放区域等13处
重要山体	佘山、天马山、横山等山体
重要内陆湖泊	淀山湖、元荡、大莲湖、汪洋荡、长白荡等
重要林地	水源涵养林、沿海防护林、防护隔离林、 郊区片林等

（续表）

生态要素类型	名　　称
耕地	市域永久基本农田集中区域
特别保护海岛	佘山岛领海基点
重要滨海湿地	南汇嘴、顾园沙2处湿地
重要渔业资源	长江刀鲚水产种质资源保护区 长江口南槽口外的1号、2号捕捞区

　　统筹全域重要生态要素，是上海生态空间优化的主要路径。要素统筹是指在生态空间建设中强调对全市水系、耕地、林地、绿地、湿地以及其他各类要素的总量分配，合理确定生态要素的比例关系。加强内陆、滨江、滨海滩涂湿地资源利用与保护的统一，在海陆统筹的基础上，确定岸线、湿地及各类生态要素的保护和利用格局。同时，打破城镇空间与乡村空间、建设用地与非建设用地的传统界限，从自然与人的需求角度出发，综合分析水、田、林等生态要素的占比，统筹布局要素空间，在此基础上确定市域生态空间总量。

　　通过生态廊道引导主体生态功能布局，能够解决生态空间结构失衡以及要素零散布局的问题。上海在"扩绿"方面，非常注重主体生态功能布局引导。围绕生物多样性保护和生态效益提升的目标，在规划中形成生态走廊道、主城区生态空间、生态保育区等主体生态功能区划，促进各类要素的布局优化。通过生态修复，推进低效、高污染建设用地的转型，为各类生态用地腾出了空间。

刚柔并济的保护措施是上海生态空间优化的保障。刚性管控是指对一类、二类生态空间的管理，确定崇明东滩、九段沙等生态空间为核心保护区域，以应对未来的精细化管理要求。弹性应对的核心价值在于为生态要素布局的优化以及生态效益的提升提供可能。

然而，"扩绿"并非一件简单的事。从早期生态环境修复到提高生态系统服务的四大功能即供给功能、调节功能、文娱功能和支持功能。"扩绿"并非简单地增加城市绿地空间和面积，而是强调系统地增强生态系统服务功能，增加居民福祉。"扩绿"需要"生态＋"的概念，从而促进生态产品价值实现，提高生态系统服务功能。

三、生态空间体系与城市空间形态联动

城市的自然系统不仅仅是单纯的绿地系统。城市演进和绿色生长，演绎了一张互为图底、动态平衡的空间变迁图，为生态留白、定城市便边界。让生态融入城市而不是点缀城市，这正是上海这座超大城市推进城市生态空间体系与城市空间形态联动的目标和准则。

"更生态"是上海城市空间形态的发展趋势。在经过以

公园建设为主走向"绿林湿"多元生态要素共建的历程后，逐步提升城市生态品质，为市民提供优质生态空间，是构建超大城市韧性生态系统的重要内容。上海未来的生态空间结构应该是一个多层次、成网络、功能复合的生态空间体系，同时适应江、河、湖、海、岛等城市地理特征，以及主导水网脉络走向，并控制城市蔓延，与生态、农业和城镇三大空间相适应。此外，上海绿化将是以公园城市理念满足市民对城市美好生活的向往、以森林城市理念构建超大城市韧性生态系统、以湿地城市理念促进人与自然和谐共生，通过"公园体系、森林体系、湿地体系"三大体系和"廊道网络、绿道网络"两大网络建设，从而完善蓝绿体系构建与品质提升，保障城市生态安全、提升城市环境品质、满足居民的休闲需求。可以预见的是，增量的绿地和逐步紧缩的人口及城市会出现两个新趋势：从单一独立的生态保护和发展控制，到全域渗透的城绿协同和资源转化。

在与城市空间形态联动方面，生态空间对接城市发展空间布局，形成了崇明世界级生态岛、环淀山湖水乡古镇生态区、长江口及东海海域湿地、杭州湾北岸生态湾区四大生态区域。同时，在市域沿黄浦江、苏州河等主要河网和廊道形成9条大尺度生态走廊，以改善气候环境和维持城市生物多样性。

2016 年开始，上海按照"小""多""匀"的布局特色推进口袋公园建设。到 2021 年底，上海新建、提升改造了310 块口袋公园，总面积约 111.5 万平方米。在线性生态空间的重要节点，形成了自然保护地体系、郊野公园、城市公园、地区公园、社区公园为主体的城乡公园体系，且十分注重公园绿地之间的连接网络建设。

2023 年，上海启动了五个新城绿环建设。新城绿环是上海市生态网络的重要组成部分。五个新城绿环是指上海嘉定、青浦、松江、奉贤、南汇五个新城外围的规划森林生态公园带，位于邻近新城的乡村地区，承担城市安全、乡村示范、生态保护等功能，也兼具一定游憩功能，同时各具特色。虽然上海"治水"开启得很早，经历了 1.0、2.0、3.0 版本，但新城绿环水脉体系建设为开端的治水"4.0"版本将生态环境与城市发展相结合，能更好地实现蓝绿交织、城绿相依、城乡融合的空间格局，让百姓在更美好的生态空间享受美好生活。

生态空间与城市空间的联动，表现在外部空间形态关联、内部空间形态联动。在城乡公园体系、森林体系、生态廊道以及绿道体系的规划过程中，上海重点关注了由于空间管理差异造成的城乡体系不衔接问题。生态空间的连接度成为空间联动的关键指标，而水系则承担了重要串联作用，成为构筑生态走廊、生态间隔带以及主城区生态空间的核心要素。功能复合也是生态空间体系建设的关键策略。在这个复合体系中，森林体系以及生态廊道关注生态本底，而城乡公园和绿道则更关注活动需求，它们之间具有很强的融合性。这些都在不同程度上促进了生态空间的生态、文化、生产功能的互相融合。

习近平总书记指出："良好生态环境是最公平的公共产品，是最普惠的民生福祉。"公平共享是居民生态福祉的核心，无论城市生态空间如何演变，公众的参与始终是生态之城建设的一个重要指标。提升城市生态功能，培育公众参与的绿色低碳生活方式。未来，我们还需要加强生态文明宣传和教育，推广生态价值与生态行为观，培育绿色消费与生活方式，构建政府、企业、社区等多层次、全方位生态文明公共参与平台，完善参与机制，使上海成为人人向往的生态之城。

生态兴，则上海兴；生态衰，则上海衰。未来30年，上海建设全球城市的基石，正是生态文明建设和城市软实力的提升。

参考资料

本书编写组：《人与自然和谐共生的美丽上海》，上海社会科学院出版社 2022 年版。

崔成、牛建国：《日本低碳城市建设经验及启示》，《中国科技投资》2010 年第 11 期。

傅凡、李红、赵彩君：《从山水城市到公园城市——中国城市发展之路》，《中国园林》2020 年第 4 期。

郭帅新、林久人：《上海市城市空间功能结构研究综述》，《南都学坛》2018 年第 6 期。

郝钰、贺旭生、刘宁京、韩笑：《城市公园体系建设与实践的国际经验——以伦敦、东京、多伦多为例》，《中国园林》2021 年 S1 期。

侯亚丽、匡文慧、窦银银：《全球超大城市空间扩张及分形特征研究》，《地理学报》2022 年第 11 期。

胡剑波、任亚运：《国外低碳城市发展实践及其启示》，《贵州社会科学》2016 年第 4 期。

黄迎春、杨伯钢、张飞舟：《世界城市土地利用特点及其对北京的启示》,《国际城市规划》2017 年第 6 期。

金元浦:《公园城市:我国城市发展战略的新高度》,《江西社会科学》2020 年第 12 期。

经济学人智库:《2018 年全球宜居城市指数报告》。

李海棠、周冯琦、尚勇敏:《碳达峰、碳中和视角下上海绿色金融发展存在的问题及对策建议》,《上海经济》2021 年第 6 期。

李艳:《全球城市发展背景下上海市城乡公园体系建设思考》,《上海城市规划》2018 年第 3 期。

廖茂林、占妍泓、周灵、孙传旺、张智勇:《习近平生态文明思想对公园城市建设的指导价值》,《中国人口·资源与环境》2021 年第 12 期。

刘召峰、周冯琦:《全球城市之东京的环境战略转型的经验与借鉴》,《中国环境管理》2017 年第 6 期。

鲁世超:《纽约中央公园,建设公园城市的一堂必修课》,《城市开发》2022 年第 7 期。

罗媞、刘艳芳、孔雪松:《中国城市化与生态环境系统耦合研究进展》,《热带地理》2014 年第 2 期。

马煜曦、李秀珍、林世伟、谢作轮、薛力铭、韩骥:《崇明环岛湿地生态服务价值核算及其不确定性》,《生态学杂志》2020 年第 6 期。

沈哲、刘平养、黄劼:《纽约市湿地保护对我国大中型城市的启示》,《环境保护》2012 年第 19 期。

宋道雷:《人民城市理念及其治理策略》,《南京社会科学》2021 年第 6 期。

苏敬华、东阳:《特大城市生态空间识别及管控单元划定——以上海市为例》,《环境影响评价》2020 年第 1 期。

王祥荣:《我国特大型城市生态化转型发展战略与实证研究》,《城乡规划》2019 年第 4 期。

王祥荣、谢玉静、蔡元镔、钱敏蕾、李响、徐艺扬:《特大型城市上海生态化转型发展的路径与重点举措》,《上海城市规划》2015 年第 3 期。

王效科、苏跃波、任玉芬、张红星、孙旭、欧阳志云:《城市生态系统:人与自然复合》,《生态学报》2020 年第 15 期。

邬晓霞、张双悦:《"绿色发展"理念的形成及未来走势》,《经济问题》2017 年第 2 期。

吴林静:《成都,探路超大城市的绿色低碳转型》,《每日经济新闻》2022 年 1 月 5 日。

吴敏、马明:《绿色生长的城市》,中国建筑工业出版社 2020 年版。

徐毅、彭震伟:《1980—2010 年上海城市生态空间演进及动力机制研究》,《城市发展研究》2016 年第 11 期。

颜培霞、于宙:《绿色产业:城市绿色转型的核心动力》,《经济动态与评论》2019 年第 1 期。

游奕菲、唐诺言、储雨:《绿色金融赋能乡村振兴的实践探索研究——以上海市为例》,《金融文坛》2023 年第 1 期。

余慧、张娅兰、李志琴:《伦敦生态城市建设经验及对我国的启示》,《科技创新导报》2010 年第 9 期。

张庆费:《城市生态空间再野化及其实施途径探讨》,《中国城市林业》2022 年第 6 期。

张文博、宋彦、邓玲、田敏:《美国城市规划从概念到行动的务实演进——以生态城市为例》,《国际城市规划》2018 年第 4 期。

赵建军:《公园城市:城市建设的一场革命》,《决策》2019 年第 7 期。

赵立祥、张奉君:《大城市治理——城市副中心建设的理论与实践》,社会科学文献出版社 2020 年版。

中共中央党史和文献研究院:《习近平关于城市工作论述摘编》,中央文献出版社 2023 年版。

中共中央文献研究室:《十八大以来重要文献选编(上)》,中央文献出版社 2014 年版。

中共中央文献研究室:《十八大以来重要文献选编(下)》,中央文献出版社 2018 年版。

中共中央文献研究室:《习近平关于社会主义生态文明建设论述摘编》,中央文献出版社 2017 年版。

周冯琦、程进、嵇欣:《全球城市环境战略转型比较研究》,上海社会科学院出版社 2016 年版。

周冯琦、胡静主编:《上海资源环境发展报告(2021):建设人民向往的生态之城》,社会科学文献出版社 2021 年版。

后　记

　　党的十八大以来，以习近平同志为核心的党中央抓大事、谋长远，召开中央城镇化工作会议、中央城市工作会议，针对城市发展实施了一系列重大发展战略，明确城市发展的价值观和方法论，为城市工作提供了根本遵循。党的二十大报告强调，坚持人民城市人民建、人民城市为人民，提高城市规划、建设、治理水平，加快转变超大特大城市发展方式。人与自然和谐共生是中国式现代化的重要特征之一。城市是现代化建设的重要载体，实现城市生态化发展，是解决城镇化和城市生态环境问题的重要路径，也是生态文明建设的应有之义。因而，城市发展不能只考虑规模经济效益，必须把生态和安全放在更加突出的位置，统筹城市布局的经济需要、生活需要、生态需要、安全需要。

　　要构建科学合理的城市格局，就需要我们从社会、经济、自然三方面去深刻认识一座城市。本书从自然生态系统、产业生态系统和人居生态系统分别体现的"绿色本底""绿色发展""绿色家园"三方面，剖析超大城市上海的"绿色生长"路径。我们分析了上海作为一座超大城市的自然禀赋，面临的生态环境内外部压力，以及迈向生态之城的探索与实践；结合国际上工业化后期城市生态环境治理的案例经验，从"双碳目标"下的城市能源转型创新、绿色金融、乡村产业功能等方面分析产业转型的模式或路径；从公园城市建设和城市生态空间拓展说明生态空间优化和品质提升对于绿色人居生态系统建设的重要性，深入阐释了绿色理念与生态保护双驱、产业绿色转型与韧性治理协同、城乡生态安全与人类福祉兼顾、空间结构优化与功能提升是一座超大城市生态化发展的必由之路。

本书分为导论和三篇六章共 7 万余字，主要由我设计并完成。本书的顺利完成得益于前期上海市社联组织的"上海报告"系列图书策划研讨。书中部分内容是基于上海环境科学研究院课题《上海生态之城建设内涵、任务与对策研究》的研究成果。在此过程中，复旦大学陈家宽教授指导了相关篇章研究并提了撰写建议，上海市社联何佳老师对本书形式和章节内容提了意见和建议，在此一并致谢。

李　琴

2023 年 9 月

图书在版编目(CIP)数据

超大城市的"绿色生长"：迈向生态之城的上海实
践/李琴著.—上海：上海人民出版社,2023
ISBN 978-7-208-18520-3

Ⅰ.①超… Ⅱ.①李… Ⅲ.①城市环境-生态环境建
设-研究-上海 Ⅳ.①X321.251

中国国家版本馆 CIP 数据核字(2023)第 166464 号

责任编辑 罗　俊
封面设计 水玉银文化

超大城市的"绿色生长"
——迈向生态之城的上海实践
李　琴 著

出　　版　上海人民出版社
　　　　　　(201101　上海市闵行区号景路 159 弄 C 座)
发　　行　上海人民出版社发行中心
印　　刷　上海商务联西印刷有限公司
开　　本　720×1000　1/16
印　　张　10
插　　页　4
字　　数　86,000
版　　次　2023 年 10 月第 1 版
印　　次　2023 年 10 月第 1 次印刷
ISBN 978-7-208-18520-3/D・4189
定　　价　45.00 元